高等职业教育规划教材

# 数控机床装调与维修模块化教程

主　编　茹秋生　宁宗奇

副主编　王才峄

苏州大学出版社
SOOCHOW UNIVERSITY PRESS

图书在版编目(CIP)数据

数控机床装调与维修模块化教程 / 茹秋生,宁宗奇主编. —苏州:苏州大学出版社,2013.3(2020.12重印)
高等职业教育规划教材
ISBN 978-7-5672-0434-8

Ⅰ.①数… Ⅱ.①茹…②宁… Ⅲ.①数控机床－安装－高等职业教育－教材②数控机床－调试方法－高等职业教育－教材③数控机床－维修－高等职业教育－教材 Ⅳ.①TG659

中国版本图书馆 CIP 数据核字(2013)第 052087 号

**数控机床装调与维修模块化教程**
茹秋生　宁宗奇　主编
责任编辑　马德芳

苏州大学出版社出版发行
(地址:苏州市十梓街1号　邮编:215006)
广东虎彩云印刷有限公司印装
(地址:东莞市虎门镇北栅陈村工业区　邮编:523898)

开本 787 mm×1 092 mm　1/16　印张 11.25　字数 283 千
2013 年 3 月第 1 版　2020 年 12 月第 2 次印刷
ISBN 978-7-5672-0434-8　定价:32.00 元

苏州大学版图书若有印装错误,本社负责调换
苏州大学出版社营销部　电话:0512－67481020
苏州大学出版社网址　http://www.sudapress.com

# 前　言

数控机床是集机、电、液、计算机和自动控制及测试技术为一身的现代机电一体化的典型设备，具有技术密集和知识密集的特点。近年来，各种数控机床在自动化加工领域中的占有率也越来越高，为了适应我国高等职业技术教育的发展及数控应用型技术人才培养的需要，急需培养一大批数控技术应用型高级人才。为了让更多的人全面了解和掌握数控机床的结构与工作原理，为数控机床的使用、故障诊断与维修建立良好的基础，基于目前数控维修学习和教学的特点，编者根据多年的数控机床维修和教学经验，编写了本书。

在编写过程中力求做到"理论先进，内容实用，可操作性强，理论与实践紧密结合"，把教学改革实践的最新成果在书中体现出来。

本书的主要特色有：

（1）以"工作模块"为主线，每个模块设立若干个工作课题，并结合数控机床装调维修工国家职业技能鉴定标准，重点培养学生的实践动手能力。

（2）针对生产实践中常用的数控系统，以数控系统的构成特点为基础，将课程内容模块化，结合数控机床装调维修工鉴定国家标准的技能要求和知识要求，从简单到复杂，重构课程内容，并在每一个模块中突出重点、难点，有效提高学生的综合创新能力和动手能力。

本书取材新颖，内容由浅入深，循序渐进，图文并茂，实例丰富，着重于应用，理论部分突出简明性、系统性、实用性和先进性，既能作为高职高专院校机电一体化、数控技术、机械制造及自动化、模具设计与制造等专业的数控机床课程教学和技能培训用书，又能作为生产企业中有关技术人员的参考书。

本书由茹秋生、宁宗奇主编，王才峄副主编。由于时间仓促和作者水平有限，书中难免有不妥之处，敬请读者指正。

编　者

# 目 录

## 模块一　数控维修内容和基本方法

课题一　数控机床维修常用工具介绍 …………………………………… (1)
课题二　常用的数控机床维修仪器 ……………………………………… (4)
课题三　数控机床维修的内容和基本方法 ……………………………… (5)
课题四　数控机床的基本结构 …………………………………………… (10)

## 模块二　数控机床的机械结构

课题一　数控机床的机械结构概述 ……………………………………… (12)
课题二　数控机床的主传动系统 ………………………………………… (13)
课题三　数控机床的进给传动系统 ……………………………………… (24)
课题四　数控机床的自动换刀系统 ……………………………………… (39)
课题五　数控机床的辅助装置 …………………………………………… (54)

## 模块三　数控机床的电气系统

课题一　电气控制系统概述 ……………………………………………… (56)
课题二　数控机床电气控制图的绘制与识读 …………………………… (60)
课题三　FANUC系统连接 ……………………………………………… (69)
课题四　数控机床位置检测装置 ………………………………………… (82)

## 模块四　数控机床PMC控制

课题一　PMC基础知识 …………………………………………………… (96)
课题二　PMC控制电路和功能指令应用 ……………………………… (102)
课题三　PMC控制实例分析 …………………………………………… (123)

## 模块五　数控机床的装调与验收

课题一　数控机床的装调与验收概述 ………………………………… (127)
课题二　数控设备安装的准备工作 …………………………………… (128)
课题三　数控设备的开箱 ……………………………………………… (129)
课题四　数控设备的安装、调试与验收 ……………………………… (129)

## 模块六　数控机床机械结构的故障诊断

- 课题一　主轴部分故障诊断……………………………………………………………(138)
- 课题二　刀库和换刀装置故障诊断……………………………………………………(140)
- 课题三　滚珠丝杠螺母副故障诊断……………………………………………………(141)
- 课题四　导轨部分故障诊断……………………………………………………………(142)
- 课题五　数控机床辅助部分的故障诊断………………………………………………(144)

## 模块七　机床电气与PLC的故障诊断及维修

- 课题一　机床电气故障诊断与维修……………………………………………………(148)
- 课题二　PLC故障诊断与维修…………………………………………………………(154)

## 模块八　数控机床维护与保养

- 课题一　数控机床维护与保养的目的和意义…………………………………………(168)
- 课题二　数控机床维护与保养…………………………………………………………(168)

## 参考文献……………………………………………………………………………………(172)

# 模块一 数控维修内容和基本方法

## 课题一 数控机床维修常用工具介绍

**一、拆卸及装配工具**

1. 扳手

扳手主要用于拆装各种螺栓连接。包括各种大小的活口扳手、套筒扳手、开口扳手、梅花扳手(图 1-1)、内六角扳手、螺丝刀等。

2. 卡簧钳

卡簧钳包括内卡钳和外卡钳。轴用弹性挡圈装拆用外卡钳,孔用弹性挡圈装拆用内卡钳(图 1-2)。

图 1-1 梅花扳手

图 1-2 内卡钳

3. 单头钩形扳手

单头钩形扳手分为固定式(图 1-3)和调节式,可用于扳动在圆周方向上开有直槽或孔的圆螺母。

4. 拔销器

拔销器为拉带内螺纹的小轴、定位销的工具(图 1-4)。

图 1-3　固定式单头钩形扳手　　　　图 1-4　拔销器

5. 拉卸工具

拆装在轴上的滚动轴承、皮带轮式联轴器等零件时,常用拉卸工具。拉卸工具分为螺杆式和液压式两类,螺杆式拉卸工具又分为两爪、三爪(图1-5)和铰链式三种。

6. 其他工具

包括铜棒、手锤、千斤顶(图1-6)、錾子等其他辅助工具等。

图 1-5　三爪拉马　　　　图 1-6　液压千斤顶

## 二、常用的机械维修仪器与检具

1. 百分表、杠杆百分表

百分表用于测量零件相互之间的平行度、轴线与导轨的平行度、导轨的直线度、工作台台面的平面度以及主轴的端面圆跳动、径向圆跳动和轴向窜动。杠杆百分表(图1-7)用于受空间限制的工件,如内孔跳动、键槽等。使用时应注意使测量运动方向与测头中心垂直,以免产生测量误差。

2. 千分表及杠杆千分表

千分表及杠杆千分表的工作原理与百分表和杠杆百分表一样,只是分度值不同,常用于精密机床的修理。

3. 水平仪

水平仪(图1-8)是机床制造和修理中最常用的测量仪器之一,用来测量导轨在垂直面内的直线度、工作台台面的平面度以及零件相互之间的垂直度、平行度等,水平仪按其工作原理可分为水准式水平仪和电子水平仪。水准式水平仪有条式水平仪、框式水平仪和合像水平仪三种结构形式。

图 1-7 杠杆百分表

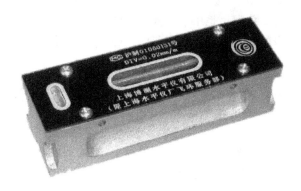
图 1-8 水平仪

4. 尺

尺分为平尺、刀口尺(图 1-9)和 90°角尺。

5. 垫铁

垫铁有角度面为 90°的垫铁、角度面为 55°的垫铁和水平仪垫铁三种。

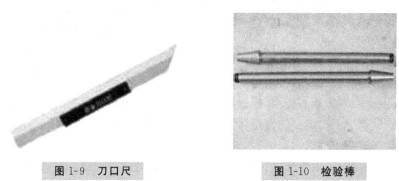

图 1-9 刀口尺　　　　　图 1-10 检验棒

6. 检验棒

检验棒有带标准锥柄的检验棒、圆柱检验棒和专用检验棒(图 1-10)。

7. 杠杆千分尺

当零件的几何形状精度要求较高时,使用杠杆千分尺可满足其测量要求,其测量精度可达 0.001mm(图 1-11)。

图 1-11 杠杆千分尺

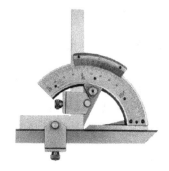
图 1-12 扇形万能角度尺

8. 万能角度尺

万能角度尺是用来测量工件内外角度的量具,按其游标读数值可分为 2′ 和 5′ 两种,按其尺身的形状可分为圆形和扇形(图 1-12)两种。

# 课题二　常用的数控机床维修仪器

在数控机床的故障检测过程中,借助一些必要的仪器是必要的,仪器能从定量分析角度直接反映故障点状况,起到决定作用。

## 一、测振仪

测振仪是振动检测中最常用、最基本的仪器,它将测振传感器输出的微弱信号放大、变换、积分、检波后,在仪器仪表或显示屏上直接显示被测设备的振动值大小。为了适应现场测试的要求,测振仪一般都做成便携式与笔式测振仪,测振仪外形如图 1-13 所示。

图 1-13　测振仪

测振仪用来测量数控机床主轴的运行情况、电动机的运行情况甚至整机的运行情况,可根据所需测定的参数、振动频率和动态范围、传感器的安装条件、机床的轴承型式(滚动轴承或滑动轴承)等因素,分别选用不同类型的传感器。常用的传感器有涡流式位移传感器、磁电式速度传感器和压电加速度传感器。

测振判断的标准,一般情况下在现场最便于使用的是绝对判断标准,它是针对各种典型对象制定的,如国际通用标准 ISO2372 和 ISO3945。

相对判断标准适用于同台设备。当振动值的变化达到 4 dB 时,即可认为设备状态已经发生变化。所以,对于低频振动,通常实测值达到原始值的 1.5~2 倍时为注意区,约 4 倍时为异常区;对于高频振动,将原始值的 3 倍定为注意区,约 6 倍时为异常区。实践表明,评价机器状态比较准确可靠的办法是用相对标准。

## 二、红外测温仪

红外测温是利用红外辐射原理,将对物体表面温度的测量转换成对其辐射功率的测量,采用红外探测器和相应的光学系统接收被测物不可见的红外辐射能量,并将其变成便于检测的其他能量形式予以显示和记录。红外测温仪外形如图 1-14 所示。

利用红外原理测温的仪器还有红外热电视、光机扫描热像仪以及焦平面热像仪等。红外诊断的判定主要有温度判断法、同类比较法、档案分析法、相对温差法以及热像异常法。

图 1-14 红外测温仪　　　　　　图 1-15 激光干涉仪

### 三、激光干涉仪

激光干涉仪是利用光的干涉原理测量光程之差从而测定有关物理量的一种精密光学测量仪器。其基本原理和结构为迈克尔逊干涉仪。两束相干光间光程差的任何变化会非常灵敏地导致干涉场的变化（如条纹的移动等），而某一束相干光的光程变化是由它所通过的几何路程或介质折射率的变化引起的，所以通过干涉场的变化可测量几何长度尺寸或折射率的微小改变量，从而测得与此有关的其他物理量。测量精度取决于测量光程差的精度，如传统迈克尔逊干涉仪中干涉条纹每移动一个条纹间距，光程差就改变 1/2 个波长，所以干涉仪是以光波波长为单位测量光程差的。现代激光干涉仪是以波长高度稳定的稳频激光器为测量工具的，其稳定度一般优于 7~10 nm。激光干涉仪的测量精度之高是任何其他测量方法所无法比拟的。激光干涉仪如图 1-15 所示。

激光干涉仪可对机床、三坐标测量仪及各种定位装置进行高精度的（位置和几何）精度校正，可完成各项参数的测量，如线形位置精度、重复定位精度、角度、直线度、垂直度、平行度及平面度等。而且，它还具有一些选择功能，如自动螺距误差补偿（适用于大多数控系统）、机床动态特性测量与评估、回转坐标分度精度标定、触发脉冲输入输出功能等。

## 课题三　数控机床维修的内容和基本方法

### 一、数控机床维修的内容

数控机床的维修主要分为六个部分：机床机械部件的维修、位置反馈装置的维修、数控系统维修、伺服系统维修、机床电器柜（也称为强电柜）维修及操作面板的维修。

1. 机床机械部件的维修

机床机械部件的维修包括主轴箱的润滑和冷却，齿轮副、导轨副和丝杠螺母副的间隙调整和润滑、轴承的预紧、液压和气动装置的压力和流量的调整等。各种机械故障通常可通过细心维护保养和精心调整来解决。对于已磨损、损坏或者已失去功能的零部件，可通过修复或更换部件来排除故障。由于床身结构刚性差、切削振动大、制造质量差等原因而产生的故障则难以排除。

2．位置反馈装置的维修

位置反馈装置是数控系统与位置检测装置之间的连接电路。数控机床最终是以位置控制为目的的，所以位置反馈装置维护的好坏将直接影响到机床的运动和定位精度。

3．伺服系统的维修

伺服驱动系统主要是指坐标轴进给驱动和主轴驱动的连接电路，是一个完整的闭环自动控制系统。伺服驱动系统的故障也是整个数控机床的主要故障源之一。机床是否能够按照标准生产出符合设计要求的零件，很大程度上取决于伺服驱动系统是否能够正常工作。

4．电源及保护电路的维修

电源及保护电路由数控机床强电线路中的电源控制电路构成。强电线路由电源变压器、控制变压器、各种断路器、保护开关、接触器、熔断器等连接组成，以便于为交流电动机（如液压泵电动机、冷却泵电动机等）、电磁铁、离合器和电磁铁等执行元件供电。电源是维持系统正常工作的能源支持部分，它失效或产生故障的直接结果是造成系统停机或毁坏整个系统。保护电路可以保证数控设备的正常运转，一定要定期对它进行检查和维修。

5．操作面板的维修

操作面板的开关可以对数控系统与机床之间的输入、输出信号进行控制。机床各运动部件的运动由操作面板控制。操作面板的按钮和开关的损坏可能会影响整个系统的正常运行。

6．数控系统的维修

数控系统属于计算机产品，其硬件结构是将电子元器件焊（贴）到印制电路板上成为板、卡级产品，由多块板、卡等电气源部件通过插件等连接外设就成为系统级的最终产品。随着其关键技术的不断发展，数控系统的可靠性不断地增强，但是数控系统也会偶然性地发生一些故障。

**二、数控机床维修前的基本要求**

1．技术资料的要求

技术资料是维修的指南，它在维修工作中起着至关重要的作用，借助于技术资料可以大大提高维修工作的效率与维修的准确性。一般来说，对于重大的数控机床故障维修，在理想状态下，应具备以下技术资料：

（1）数控机床使用说明书。它是由机床生产厂家编制并随机床提供的随机资料，通常包括以下与维修有关的内容：

① 数控机床的操作过程和步骤。

② 数控机床主要机械传动系统及主要部件的结构原理示意图。

③ 数控机床的液压、气动润滑系统图。

④ 数控机床安装和调整的方法与步骤。

⑤ 数控机床电气控制原理图。

⑥ 数控机床使用的特殊功能及其说明等。

（2）数控系统的操作、编程说明书（或使用手册）。它是由数控系统生产厂家编制的数

控系统使用手册,通常包括以下内容:

① 数控系统的面板说明。

② 数控系统的具体操作步骤(包括手动、自动、试运行等方式的操作步骤以及程序、参数等的输入、编辑、设置和显示方法)。

③ 加工程序以及输入格式,程序的编制方法,各指令的基本格式以及所代表的意义等。

(3) 在部分系统中它还可能包括系统调试、维修用的大量信息,如"机床参数"的说明、报警的显示及处理方法以及系统的连接图等。它是维修数控系统与操作机床中必须参考的技术资料之一。

① PLC 程序清单。

PLC 程序清单是机床厂根据机床的具体控制要求设计、编制的机床控制软件。PLC 程序中包含了机床动作的执行过程以及执行动作所需的条件,它表明了指令信号、检测元件与执行元件之间的全部逻辑关系。借助 PLC 程序,维修人员可以迅速找到故障原因,它是数控机床维修过程中使用最多、最重要的资料。在某些系统(如 FANUC 系统、SIEMENS802D 等)中,利用数控系统的显示器可以直接对 PLC 程序进行动态检测和观察,它为维修提供了极大的便利,因此,在维修中一定要熟练掌握这方面的操作和使用技能。

② 机床参数清单。

它是由机床生产厂根据机床的实际情况,对数控系统进行的设置与调整。机床参数是系统与机床之间的"桥梁",它不仅直接决定了系统的配置和功能,而且也关系到机床的动、静态性能和精度,因此也是维修机床的重要依据与参考。在维修时,应随时参考系统"机床参数"的设置情况来调整、维修机床,特别是在更换数控系统模块时,一定要记录机床的原始设置参数,以便恢复机床的功能。

③ 数控系统的连接说明及功能说明。

该资料由数控系统生产厂家编制,通常只提供给机床生产厂家作为设计资料。维修人员可以从机床生产厂家或系统生产、销售部门获得该资料。系统的连接说明、功能说明书不仅包含了比电气原理图更为详细的系统各部分之间的连接要求与说明,而且还包括了原理图中未反映的信号功能描述,是维修数控系统,尤其是检查电气接线的重要参考资料。

④ 伺服驱动系统、主轴驱动系统的使用说明书。

它是伺服系统及主轴驱动系统的原理与连接说明书,主要包括伺服、主轴的状态显示与报警显示、驱动器的调试、设定要点,信号、电压、电流的测试点,驱动器设置的参数及意义等方面的内容,可供伺服驱动系统、主轴驱动系统维修参考。

⑤ PLC 使用与编程说明。

它是机床中所使用的外置或内置式 PLC 的使用、编程说明书。通过 PLC 的说明书,维修人员可以通过 PLC 的功能与指令说明分析、理解 PLC 程序,并由此详细了解、分析机床的动作过程、动作条件、动作顺序以及各信号之间的逻辑关系,必要时还可以对 PLC 程序进行部分修改。

⑥ 机床主要配套功能部件的说明书与资料。

在数控机床上往往会使用较多功能部件如数控转台、自动换刀装置、润滑与冷却系统排屑器等。这些功能部件的生产厂家一般都提供了较完整的使用说明书,机床生产厂家应将其提供给用户,以便在功能部件发生故障时进行参考。

⑦ 维修人员对机床维修过程的记录与维修的总结。

最理想的情况是：维修人员应对自己所进行的每一步维修都进行详细的记录，不管当时的判断是否正确。这样不仅有助于今后的进一步维修，而且也有助于维修人员总结经验与提高水平。

上述资料是在理想情况下应齐备的技术资料，但是实际维修时往往难以做到这一点。因此在必要时，维修人员应通过现场测绘、平时积累等方法完善、整理有关技术资料。

### 三、故障诊断及处理的基本方法

数控机床故障诊断是对数控机床出现的故障进行诊断，找出故障部位，以相应的正常备件更换，使机床恢复正常运行。故障的诊断与处理一般分三个阶段进行，即故障检测、故障判断及隔离、故障定位。第一阶段的故障检测就是对数控系统进行测试，判断是否存在故障；第二阶段故障判断及隔离是正确把握住所发生故障的类型，分离出故障的可能部位；第三阶段是将故障定位到可以更换的模块或印制线路板，从而及时修复数控机床故障。

1. 故障诊断的基本方法

(1) 直观法。

直观法是一种最基本的方法，也是一种最简单的方法。维修人员通过对故障发生时产生的各种光、声、味等异常现象的观察，以及认真检查系统的每一处，观察有无烧毁和损伤痕迹，往往可将故障范围缩小到一个模块，甚至一块印制线路板，但这要求维修人员具有丰富的实践经验以及综合、判断的能力。

(2) 自诊断功能法。

数控装置自诊断系统是向被诊断的部件或装置写入一串称为测试码的数据，然后观察系统相应的输出数据（称为校验码），根据事先已知的测试码、校验码与故障的对应关系，通过对观察结果的分析以确定故障原因。系统自诊断的运行机制是：一般系统开机后，自动诊断整个硬件系统，为系统的正常工作做好准备，另外就是在运行或输入加工程序的过程中，一旦发生错误，则数控系统自动进入自诊断状态，通过故障检测定位并发出故障报警信息。

① 启动诊断。

所谓启动诊断是指 CNC 每次从通电开始进入到正常的运行准备状态为止系统内部诊断程序自动执行的诊断。利用启动诊断，可以测出系统的大部分硬件故障，因此，它是提高系统可靠性的有效措施。

② 根据报警信息在线诊断。

在线诊断是通过 CNC 系统的内装诊断程序，在系统处于正常运行状态时，实时对数控装置、伺服系统、外部的 I/O 及其他外部装置进行自动测试、检查，并显示有关状态信息和故障。系统不仅能在屏幕上显示报警号及报警内容，而且还能及时显示 CNC 内部关键标志寄存器及 PLC 内操作单元的状态，为故障诊断提供了极大方便。在线诊断对 CNC 系统的操作者和维修人员分析系统故障的原因、确定故障部位都有很大的帮助。

当 CNC 系统出现故障或要判断系统是否真有故障时，往往要停止加工和停机进行检查，这就是离线诊断（或称脱机诊断）。离线诊断的主要目的是修复系统和故障定位，力求把故障定位在尽可能小的范围内。

(3) 参数（机床数据）检查法。

在数控系统中有许多参数（或机床数据）地址，其中存储的参数值是机床出厂时通过调整确定的，它们直接影响着数控机床的性能。

(4) PLC 检查法。

① 利用 PLC 的状态信息诊断故障。

PLC 检测故障的机理是通过机床厂家为特定机床编制的 PLC 梯形图（即程序），根据各种逻辑状态进行判断，如果发现问题就产生报警并在显示器上产生报警信息。所以对一些 PLC 产生报警的故障或一些没有报警的故障，可以通过分析 PLC 的梯形图对故障进行诊断，利用 CNC 系统的梯形图显示功能或者机外编程器在线跟踪梯形图的运行，从而提高诊断故障的速度和准确性。

② 利用 PLC 梯形图跟踪法诊断故障。

数控机床出现的绝大部分故障都是通过 PLC 程序图查出来的，有些故障可在屏幕上直接显示出报警原因，而有些故障虽然在屏幕上有报警信息，但并没有直接反映报警的原因，还有些故障不产生报警信息，只是有些动作不执行。遇到后两种情况，跟踪 PLC 梯形图的运行是确诊故障很有效的方法。对于简单的故障，可根据梯形图通过 PLC 的状态显示信息，监视相关的输入、输出及标志位的状态，跟踪程序的运行，而复杂的故障必须使用编程器来跟踪梯形图的运行。

(5) 功能程序测试法。

所谓功能程序测试法就是将数控系统的常用功能和重要的特殊功能，如直接定位、圆弧插补、螺纹切削、固定循环、用户宏程序等，用手工编程或自动编程方法编制成一个功能测试程序，然后启动数控系统运行这个功能测试程序，用它来检查机床执行这些功能的准确性和可靠性，从而快速判断系统的哪个功能不良，进而判断出故障发生的原因。本方法对于长期闲置的数控机床和第一次开机时的检查，以及机床加工造成废品但又无报警的情况下一时难以确定是编程或操作的错误，还是机床故障所致，是一种较好的方法。

(6) 交换法。

这是一种简单易行的方法，也是现场判断时最常用的方法之一。所谓交换法，就是在分析出故障大致起因的情况下，维修人员利用备用的印制线路板、集成电路芯片或元器件替换有疑点的部分，甚至用系统中已有的相同类型的部件来替换，从而把故障范围缩小到印制线路板或芯片一级。这实际上也是在验证分析的正确性。

(7) 单步执行程序确定故障点。

数控系统一般都具有程序单步执行功能，这个功能常用于调试加工程序。但执行加工绝非一日之功，而且在实际维修时，通常也不可能有太多的时间对说明书进行全面、系统的学习。

(8) 具备良好的外语基础。

虽然目前国内生产数控机床的厂家已经日益增多，但数控机床的关键部分——数控系统还主要依靠进口，其配套的说明书、资料往往使用原文，数控系统的报警文本显示也以外文居多。为了能迅速根据系统的提示与机床说明书中所提供的信息，确认故障原因，加快维修进程，作为一个维修人员，最好能具备专业外语的阅读能力，以便更好地分析、处理问题。

# 课题四　数控机床的基本结构

数控程序是数控机床自动加工零件的工作指令。在对加工零件进行工艺分析的基础上,需确定以下参数:零件坐标系在机床坐标系上的相对位置,即零件在机床上的安装位置;刀具与零件相对运动的尺寸参数;零件加工的工艺路线、切削加工的工艺参数以及辅助装置的动作等。得到零件的所有运动方式、尺寸、工艺参数等加工信息后,用由文字、数字和符号组成的标准数控代码,按规定的方法和格式,编制零件加工的数控程序单。编制程序的工作可由人工进行。对于形状复杂的零件,则要在专用的编程机或通用计算机上进行自动编程(APT)或 CAD/CAM 设计。

编好的数控程序存放在便于输入到数控装置的一种存储载体上,它可以是穿孔纸带、磁带和磁盘等,采用哪一种存储载体,取决于数控装置的设计类型。数控机床的工作原理图如图 1-16 所示。

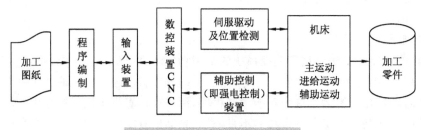

图 1-16　数控机床工作原理图

## 一、输入装置

输入装置的作用是将程序载体(信息载体)上的数控代码传递并存入数控系统内。根据控制存储介质的不同,输入装置可以是光电阅读机、磁带机或软盘驱动器等。数控机床加工程序也可通过键盘用手工方式直接输入数控系统;数控加工程序还可由编程计算机用 RS232C 或采用网络通信方式传送到数控系统中。

零件加工程序输入过程有两种不同的方式:一种是边读入边加工(数控系统内存较小时);另一种是一次将零件加工程序全部读入数控装置内部的存储器,加工时再从内部存储器中逐段调出进行加工。

## 二、数控装置

数控装置是数控机床的核心。数控装置从内部存储器中取出或接收输入装置送来的一段或几段数控加工程序,经过数控装置的逻辑电路或系统软件进行编译、运算和逻辑处理后,输出各种控制信息和指令,控制机床各部分的工作,使其进行规定的有序运动和动作。

零件的轮廓图形往往由直线、圆弧或其他非圆弧曲线组成,刀具在加工过程中必须按零件形状和尺寸的要求进行运动,即按图形轨迹移动。但输入的零件加工程序只能是各线段轨迹的起点和终点坐标值等数据,不能满足要求,因此要进行轨迹插补,也就是在线段的起点和终点坐标值之间进行"数据点的密化",求出一系列中间点的坐标值,并向相应坐标输出脉冲信号,控制各坐标轴(即进给运动的各执行元件)的进给速度、进给方向和进给位移量等。

### 三、驱动装置和位置检测装置

驱动装置接收来自数控装置的指令信息,经功率放大后,严格按照指令信息的要求驱动机床移动部件,以加工出符合图样要求的零件。因此,它的伺服精度和动态响应性能是影响数控机床加工精度、表面质量和生产率的重要因素之一。驱动装置包括控制器(含功率放大器)和执行机构两大部分。目前大都采用直流或交流伺服电动机作为执行机构。

位置检测装置将数控机床各坐标轴的实际位移量检测出来,经反馈系统输入到机床的数控装置之后,数控装置将反馈回来的实际位移量值与设定值进行比较,控制驱动装置按照指令设定值运动。

### 四、辅助控制装置

辅助控制装置的主要作用是接收数控装置输出的开关量指令信号,经过编译、逻辑判别和运动,再经功率放大后驱动相应的电器,带动机床的机械、液压、气动等辅助装置完成指令规定的开关量动作。这些控制包括主轴运动部件的变速、换向和启停,刀具的选择和交换,冷却、润滑装置的启动和停止,工件和机床部件的松开、夹紧,分度工作台转位分度等开关辅助动作。

可编程逻辑控制器(PLC)具有响应快,性能可靠,易于使用、编程和修改程序并可直接启动机床开关等特点,现已广泛用作数控机床的辅助控制装置。

### 五、机床本体

数控机床的机床本体与传统机床相似,由主轴传动装置、进给传动装置、床身、工作台以及辅助运动装置、液压气动系统、润滑系统、冷却装置等组成。但数控机床在整体布局、外观造型、传动系统、刀具系统的结构以及操作机构等方面都已发生了很大的变化。这种变化的目的是满足数控机床的要求和充分发挥数控机床的特点。

# 模块二

# 数控机床的机械结构

## 课题一　数控机床的机械结构概述

数控机床是高精度和高生产率的自动化机床,其加工过程中的动作顺序、运动部件的坐标位置及辅助功能都是通过数字信息自动控制的。操作者不能像在普通机床上加工零件那样,对机床本身的结构和装配的薄弱环节进行人为补偿,操作者在加工过程中无法干预,所以数控机床几乎在任何方面都要求比普通机床设计得更为完善,制造得更为精密。为满足高精度、高效率、高自动化程度的要求,数控机床的结构设计已形成自己的独立体系,在这一结构的完善过程中,数控机床出现了不少新颖的结构及元件。与普通机床相比,数控机床的机械结构有许多要求:

1. 高静、动刚度及良好的抗振性能

提高数控机床结构刚度的措施有:

(1) 提高数控机床构件的静刚度和固有频率。

(2) 改善数控机床结构的阻尼特性。

(3) 采用新材料和钢板焊接结构。

2. 良好的热稳定性

(1) 改善机床布局和结构。采用热对称结构、倾斜床身和斜滑板结构、热平衡措施等。

(2) 控制温度。通常采用的措施有:

① 对热源采取液冷、风冷等方法来控制温升。

② 对切削部位采取强冷措施等。

(3) 热位移补偿。

3. 高灵敏度

4. 高效化装置、高人性化操作

## 课题二　数控机床的主传动系统

### 一、主运动系统的功用和组成

主运动系统的功用主要为传递切削加工所需要的动力、传递切削加工所需要的运动以及控制主运动的大小、方向和启停。

主运动系统一般由动力源（电机）、传动系统（定比传动机构、变速装置）和运动控制装置（离合器、制动器等）以及执行件（主轴）等组成。

### 二、对主传动系统的要求

1. 动力功率高

由于日益增长的对高效率的要求，加之刀具材料和技术的进步，大多数 NC 机床均要求有足够高的功率来满足高速强力切削。一般 NC 机床的主轴驱动功率为 3.7～250 kW。

2. 调速范围宽

调速范围有恒扭矩、恒功率之分。现在，数控机床的主轴的调速范围一般在 100～10 000 r/min，且能无级调速。要求恒功率调速范围尽可能大，以便在尽可能低的速度下，利用其全功率。变速范围负载波动时，速度应稳定。

3. 控制功能的多样化

为适应不同的数控加工要求，主运动系统的控制功能需要有 NC 车床车螺纹时主运动和进给运动的同步控制功能，加工中心自动换刀、NC 车床车螺纹时用主轴准停功能，NC 车床和 NC 磨床在进行端面加工时需要恒线速切削功能，在车削中心中，需要有 C 轴控制功能。

4. 性能要求高

电机过载能力强。要求有较长时间（1～30 min）和较大倍数的过载能力；在断续负载下，电机转速波动要小；速度响应要快，升降速时间要短；电机温升低，振动和噪音小；可靠性高，寿命长，维护容易；体积小，重量轻，与机床连接容易。

### 三、主传动的配置方式

目前，数控机床的主传动电机已经基本不再使用普通交流异步电机和传统的直流调速电机，它们已逐步被新兴的交流变频调速伺服电机和直流伺服调速电机代替。由于直流和交流变速主轴电机的调速系统日趋完善，不仅能方便地实现宽范围的无级变速，而且减少了中间传递环节和提高了变速控制的可靠性，因此在数控机床的主传动系统中更能显示出它的优越性。为了确保低速时的扭矩，有的数控机床在交流和直流电机无级变速的基础上配以齿轮变速。由于主运动采用了无级变速，在大型数控车床上测斜端面时就可实现恒速切屑控制，以便进一步提高生产效率和表面质量。

选择不同的变速方式，可以匹配不同的扭矩和调速要求。一般来说，数控机床主传动的变速方式主要有三种配置方式：

1. 变速齿轮的主传动

数控机床在交流或直流电机无级变速的基础上配以齿轮变速,使之成为分段无级变速,如图 2-1 所示。滑移齿轮的移位大都采用液压缸加拨叉,或者直接由液压缸带动齿轮来实现。通过几对齿轮降速,增大输出扭矩,以满足主轴输出扭矩特性的要求。这是大、中型数控机床采用较多的一种变速方式,一部分小型数控机床也采用此种传动方式以获得强力切削时所需要的扭矩。这种配置的结构简单、安装调试方便,且在传动上能满足转速与转矩的输出要求,但其调速范围及特性相对于交、直流主轴电机系统而言要差一些,主要用于经济型或中低档数控机床上。

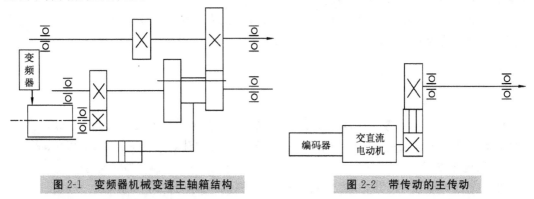

图 2-1 变频器机械变速主轴箱结构　　图 2-2 带传动的主传动

2. 通过带传动的主传动

此配置方式主要应用在转速较高、变速范围不大的机床。电动机本身的调速就能够满足要求,不用齿轮变速,可以避免齿轮传动引起的振动与噪声。它适用于高速、低转矩特性要求的主轴,常用的带有三角带和同步齿形带,如图 2-2 所示。这种配置形式的变速范围宽,最高转速可达 8 000 r/min,且控制功能丰富,可满足中高档数控机床的控制要求。

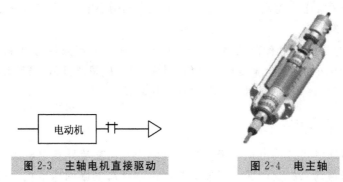

图 2-3 主轴电机直接驱动　　图 2-4 电主轴

3. 由主轴电机直接驱动

这种主传动由电动机直接驱动主轴,即电动机的转子直接装在主轴上,因而大大简化了主轴箱体与主轴的结构,有效地提高了主轴部件的刚度,但主轴输出扭矩小,电机发热对主轴的精度影响较大,如图 2-3 所示。

近年来,出现了一种新式的内装电动机主轴(图 2-4),即主轴与电动机转子合为一体。其优点是主轴组件结构紧凑,重量轻,惯量小,可提高启动、停止的响应特性,并利于控制振动和噪声。缺点是电动机运转产生的热量亦使主轴产生热变形。因此,温度控制和冷却是使用内装电动机主轴的关键问题。日本研制的立式加工中心主轴组件,其内装电动机最高转速可达 20 000 r/min。

### 四、主轴组件

在数控机床中,主轴组件的功用为夹持工件或刀具实现切削运动,并传递运动及切削加工所需要的动力。主轴的回转精度、功率、速度以及自动变速、准停、换刀等功能是影响机床加工精度、效率及自动化程度的因素。因此,要求主轴组件具有与本机床工作性能相适应的高的回转精度、刚度、抗振性、耐磨性和低的温升。

主轴组件一般由主轴、支承、传动零件、装夹刀具或工件的附件及辅助零部件等组成。

#### (一) 对主轴组件的要求

**1. 回转精度**

主轴组件的回转精度,是指主轴的回转精度,当主轴做回转运动时,线速度为零的点的连线称为主轴的回转中心线。回转中心线的空间位置在理想的情况下应是固定不变的。

实际上,由于主轴组件中各种因素的影响,回转中心线的空间位置每一瞬间都是变化的,这些瞬时回转中心线的平均空间位置成为理想回转中心线。瞬时回转中心线相对于理想回转中心线在空间的位置距离就是主轴的回转误差,而回转误差的范围就是主轴的回转精度。纯径向误差、角度误差和轴向误差很少单独存在。当径向误差和角度误差同时存在时,构成径向跳动,而轴向误差和角度误差同时存在时则构成端面跳动。由于主轴的回转误差一般都是对一个空间的旋转矢量,因此它并不是在所有的情况下都表示为被加工工件所得到的加工形状。

主轴回转精度的测量一般分为三种:静态测量、动态测量和间接测量。目前,我国在生产中沿用传统的静态测量法,用一个精密的检测棒插入主轴锥孔中,使千分表触头触及检测棒圆柱表面,以低速转动主轴进行测量。千分表最大和最小的读数差即认为是主轴的径向回转误差。端面误差一般以包括主轴所在平面内的直角坐标系的垂直度数据综合表示。动态测量是将一标准球装在主轴中心线上,与主轴同时旋转,在工作台上安装两个互成 90° 角的非接触传感器,通过仪器记录回转情况。

间接测量是用小的切削量加工有色金属试件,然后在圆度仪上测量试件的圆度来评价。出厂时,普通级加工中心的回转精度用静态测量法测量。当工件长度 $L=300$ mm 时允许误差应小于 0.02 mm。造成主轴回转误差的原因主要是主轴的结构及其加工精度、主轴轴承的选用及刚度等,而主轴及其回转零件的不平衡,在回转时引起的激振力,也会造成主轴的回转误差。因此加工中心的主轴不平衡量一般要控制在 0.4 mm/s 以下。

**2. 刚度**

主轴组件的刚度是指受外力作用时,主轴组件抵抗变形的能力。通常以主轴前端产生单位位移时,在位移方向上所施加的作用力大小来表示。如图 2-5 所示,在主轴前端加一作用力 $F$,若主轴端的位移量为 $Y$,则主轴部件的刚度值 $K=F/Y$ (N/μm)。主轴组件的刚度越大,主轴受力的变形越小。

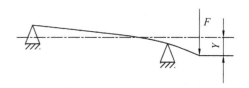

**图 2-5 主轴刚度受力图**

主轴组件的刚度不足,在切削力及其他力的作用下,主轴将产生较大的弹性变形,不仅影响工件的加工质量,还会破坏齿轮、轴承的正常工作条件,使其加快磨损,降低精度。主轴部件的刚度与主轴结构尺寸、支承跨距、所选用的轴承类型及配置形式、轴承间隙的调整、主轴上传动元件的位置等有关。

3. 抗振性

主轴组件的抗振性是指切削加工时,主轴保持平稳地运转而不发生振动的能力。主轴组件抗振性差,工作时容易产生振动,不仅降低加工质量,而且限制了机床生产率的提高,使刀具耐用度下降。提高主轴抗振性必须提高主轴组件的静刚度,采用较大阻尼比的前轴承,以及在必要时安装阻尼(消振)器,使主轴远远大于激振力的频率。

4. 温升

主轴组件在运转中,温升过高会引起两方面的不良结果:一是主轴组件和箱体因热膨胀而变形,主轴的回转中心线和机床其他件的相对位置会发生变化,直接影响加工精度;二是轴承等元件会因温度过高而改变已调好的间隙和破坏正常润滑条件,影响轴承的正常工作。严重时甚至会发生"抱轴"。数控机床在解决温升时,一般采用恒温主轴箱。

5. 耐磨性

主轴组件必须有足够的耐磨性,以便能长期保持精度。主轴上易磨损的地方是刀具或工件的安装部位以及移动式主轴的工作表面。为了提高耐磨性,主轴的上述部位应该淬硬;或者经过氮化处理,以提高其硬度、增加耐磨性。主轴轴承也需有良好的润滑,提高其耐磨性。

(二) 主轴

主轴是主轴组件的重要组成部分。它的结构尺寸和形状、制造精度、材料及其热处理,对主轴组件的工作性能都有很大的影响。主轴结构随主轴系统设计要求的不同而有各种形式。

1. 主轴的主要尺寸参数

主轴的主要尺寸参数包括:主轴直径、内孔直径、悬伸长度和支承跨距。评价和考虑主轴的主要尺寸参数的依据是主轴的刚度、结构工艺性和主轴组件的工艺适用范围。

(1) 主轴直径。

主轴直径越大,其刚度越高,使得轴承和轴上其他零件的尺寸相应增大。轴承的直径越大,同等级精度轴承的公差值也越大,要保证主轴的旋转精度就越困难,同时极限转数下降。主轴前支承轴颈的直径可根据主电动机功率和机床种类由表2-1粗估。主轴后端支承轴颈的直径可是0.7~0.8倍的前支承轴颈值,实际尺寸要在主轴组件结构设计时确定。前、后轴颈的差值越小则主轴的刚度越高,工艺性能也越好。

表2-1 主轴前轴颈的直径 $D_1$

| 机床\功率/kW<br>$D_1$/mm | 1.47~2.5 | 2.6~3.6 | 3.7~5.5 | 5.6~7.3 | 7.4~11 | 11~14.7 | 14.8~18.4 | 18.5~22 | 22~29.5 |
|---|---|---|---|---|---|---|---|---|---|
| 车床 | 60~80 | 70~90 | 70~105 | 95~130 | 110~145 | 140~165 | 150~190 | 220 | 230 |
| 升降台铣床 | 50~90 | 60~90 | 60~95 | 75~100 | 90~105 | 100~115 | — | — | — |
| 外圆磨床 | — | 50~60 | 55~70 | 70~80 | 75~90 | 75~100 | 90~100 | 105 | 105 |

(2) 主轴内孔直径。

主轴的内孔直径用来通过棒料、刀具夹紧装置固定刀具、传动气动或液压卡盘等。主轴孔径越大,可通过的棒料直径也越大,机床的使用范围就越广,同时主轴部件的相对重量也越轻。主轴的孔径大小主要受主轴刚度的制约。

主轴的孔径与主轴直径之比小于 0.3 时空心主轴的刚度几乎与实心主轴的刚度相当;等于 0.5 时空心主轴的刚度为实心主轴刚度的 90%;大于 0.7 时空心主轴的刚度就急剧下降。一般可取其比值为 0.5 左右。

(3) 悬伸长度。

主轴的悬伸长度与主轴前端结构的形状尺寸,前轴承的类型、组合方式和轴承的润滑与密封有关。主轴的悬伸长度对主轴的刚度影响很大。因此,主轴悬伸长度越短,其刚度越高。

(4) 主轴的支承跨距。

主轴组件的支承跨距对主轴本身的刚度和支承刚度有很大的影响。主轴的支承跨距存在着最佳跨距,可使主轴组件前端位移最小。由于受结构限制以及保证主轴组件的重心落在两支承点之间,实际的支承跨距大于最佳的支承跨距。用传统方式计算理想支承跨距,既费时又不准确。这里介绍日本精工株式会社(NSK)推荐的公式,供参考。

$$R_0 = 530 \times \frac{D^4 - d^4}{L^3}$$

其中:

$R_0$——刚度值(N/μm),其下限值为 250 N/μm,精密机床的 $R_0$ 值为 500 N/μm;

$D$——主轴平均外径(mm);

$d$——主轴平均内径,即中空轴平均内径(mm);

$L$——主轴轴承支承跨距(mm)。

2. 主轴轴端结构

主轴的轴端用安装夹具和刀具,要求夹具和刀具在轴端定位精度高、定位刚度好、装卸方便,同时使主轴的悬伸长度短。数控车床的主轴端部结构一般采用短圆锥法兰盘式,如表 2-2 所示。短锥法兰结构有很高的定心精度,主轴的悬伸长度短,大大提高了主轴的刚度。其具体结构可参见数控机床其他相关资料。

表 2-2 机床主轴轴端形状

| 序号 | 主轴端形状 | 应用 | 序号 | 主轴端形状 | 应用 |
| --- | --- | --- | --- | --- | --- |
| 1 |  | 各种铣床 | 3 |  | 外圆磨床、平面磨床、无心磨床等的砂轮主轴 |
| 2 |  | 钻条镗床 | 4 |  | 内圆磨床砂轮主轴 |

3. 主轴的材料和热处理

主轴材料的选择主要根据刚度、载荷特点、耐磨性和热处理变形大小等因素确定。主轴材料常采用的有：45钢、38CrMoAl、GCr15、9Mn2V，须经渗氮和感应淬火。

4. 主轴的主要精度指标

① 前支承轴承轴颈的同轴度约 $5~\mu m$ 左右。

② 轴承轴颈需按轴承内孔"实际尺寸"配磨，且须保证配合过盈 $1\sim 5~\mu m$。

③ 锥孔与轴承轴颈的同轴度为 $3\sim 5~\mu m$，与锥规的接触面积不小于 $80\%$，且大端接触较好。

④ 装 3182100 型调心圆柱滚子轴承的 1∶12 锥面，与轴承内圈接触面积不小于 $85\%$。

（三）主轴支承

1. 主轴轴承

主轴轴承是主轴组件的重要组成部分，它的类型、结构、配置、精度、安装、调整、润滑和冷却都直接影响了主轴组件的工作性能。在数控机床上主轴轴承常用的有滚动轴承和滑动轴承。

（1）滚动轴承。

滚动轴承摩擦阻力小，可以预紧，润滑维护简单，能在一定的转速范围和载荷变动范围下稳定地工作。滚动轴承由专业化工厂生产，选购维修方便，在数控机床上被广泛采用。但与滑动轴承相比，滚动轴承的噪声大，滚动体数目有限，刚度是变化的，抗振性略差并且对转速有很大的限制。数控机床主轴组件在可能的条件下，尽量使用滚动轴承，特别是大多数立式主轴和主轴装在套筒内能够做轴向移动的主轴。这时用滚动轴承可以用润滑脂润滑以避免漏油。滚动轴承根据滚动体的结构分为球轴承、滚柱滚子轴承和圆锥滚子轴承三大类。

为了适应主轴高速发展的要求，滚珠轴承的滚珠可采用陶瓷滚珠。陶瓷滚珠轴承由于陶瓷材料的重量轻，热膨胀系数小，耐高温，所以具有离心小、动摩擦力小、预紧力稳定、弹性变形小和刚度高的特点，但由于成本较高，在数控机床上还未普及使用。随着材料工业的发展，制造成本的下降，今后也会是广泛使用的一种轴承。

（2）滑动轴承。

在数控机床上最常使用的是静压滑动轴承。静压滑动轴承的油膜压强由液压缸从外界供给，与主轴转与不转、转速的高低无关（忽略旋转时的动压效应）。它的承载能力不随转速而变化，而且无磨损，启动和运转时摩擦阻力力矩相同，所以液压轴承的刚度大，回转精度高，但静压轴承需要一套液压装置，成本较高。

液体静压轴承装置主要由供油系统、节流器和轴承三部分组成。其结构如图 2-6 所示。在轴承的内圆柱表面上，对称地开了 4 个矩形油腔 2 和回油槽 5，油腔与回油槽之间的圆弧面 4 成为周向封油面，封油面与主轴之间有 $0.02\sim 0.04$ mm 的径向间隙。系统的压力油经各节流器降压后进入各油腔。在压力油的作用下，将主轴浮起而处于平衡状态。油腔内的压力油经封油边流出后，流回油箱。

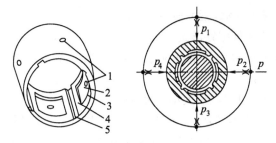

1—进油孔 2—油腔 3—轴向封油面 4—周向封油面 5—回油槽

图 2-6 静压轴承

另外,数控机床上的滑动轴承也可采用磁悬浮轴承。磁悬浮轴承的原理图如图 2-7 所示。

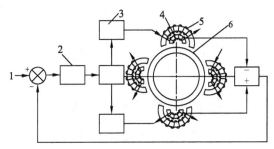

1—基准信号 2—调节器 3—功率放大器 4—位移传感器 5—定子 6—转子

图 2-7 磁悬浮轴承

2. 主轴轴承配置与调整

(1) 主轴轴承的配置。

① 主轴轴承的结构配置。

主轴轴承结构配置形式主要有下面两种:

(a) 适应高刚度要求的轴承配置形式。

这种配置形式如图 2-8 所示,主要适用于大中型卧式加工中心主轴和强力切削机床主轴。

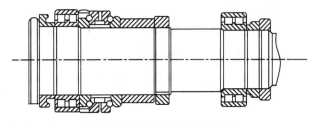

图 2-8 高刚性轴承配置

当既要高刚性又要高速度时,可以把 60°接触角的标准型推力角接触球轴承换成 45°接触角的高速型推力角接触球轴承。THM6350 型精密卧式加工中心主轴前支承就采用这种轴承配置,而后轴承采用了两个 46117 型角接触球轴承组合配置形式。如果后支承采用

3182100型调心双圆柱滚子轴承,更可加强主轴刚性。

(b) 适应高速要求的轴承配置形式。

前支承采用三个超精密级角接触球轴承组合方式,适应了高速化要求,且因轴承精度高,能保证较高的回转精度。

三个轴承的组合形式,根据载荷大小和最高转速以及结构设计要求,可以是图2-9所示的组合形式,也可以是三个轴承都靠在一起的结构形式。后支承结构,有两个角接触球轴承支承,如图2-9(a)所示,也有一个3182100型调心圆柱滚子轴承支承,如图2-9(b)所示。由于在运转中发热,主轴必然产生热膨胀。为了吸收这个热膨胀量,希望后支承能在轴向移动。3182100型调心滚柱滚子轴承正好具有这个机能,而角接触球轴承则由于施加了预紧,轴向不能移动,容易使轴承受损。

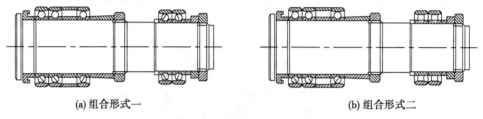

(a) 组合形式一        (b) 组合形式二

图2-9 高速主轴轴承配置

因此从提高后支承刚性和适应主轴热胀时后端能自由移动这一要求来说,后部支承采用3182100型轴承为好。作为高速、高刚性主轴,前支承也有采用四个角接触球轴承(接触角30°)的组合形式,如图2-10所示。角接触球轴承的接触角有12°(36000型)、26°(46000型)和36°(66000型)三种。接触角越大,轴向刚性越高,而接触角越小,越有利于高速旋转。

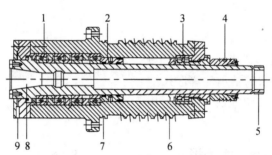

1—高速角接触轴承(DBB排列,油脂润滑)   2—锁紧环   3—高速双列调心圆柱滚子轴承(油脂润滑)
4—带轮   5—可装准停凸轮   6—冷却油槽   7—D型密封槽   8—7:24锥孔   9—卧式使用时的泄漏孔

图2-10 高速高刚性主轴轴承配置

② 主轴轴承的精度配置。

在数控机床上,主轴轴承精度一般有三种:B、C、D级(相当于ISO标准中的P2、P4、P5)。对于精密级主轴,前支承常采用B(P2)级轴承,后支承可采用C(P4)级轴承。普通精度级主轴前支承采用C(P4)级轴承,后支承则采用D(P5)级轴承。

在数控机床上主轴轴承的轴向定位采用的是前端支承定位。这样前支承受轴向力,前端悬臂量小,主轴受热时向后延伸,使前端的变形小,精度高。

(2) 主轴轴承的安装与调整。

① 单个轴承的装配。

轴承、主轴、支承孔均存在着制造误差,通过对各种误差的分析,采用选配法进行装配,可提高主轴部件的精度。装配时,尽可能使主轴定位内孔与主轴轴颈的偏心量和轴承内圈与滚道的偏心量接近,并使其方向相反进行装配,可使装配后的偏心量减小。

② 两个轴承的装配。

安装两支承的主轴轴承时应使前后两支承轴承的偏心量方向相同,适当地选择偏心距的大小,前轴承的精度应比后轴承的精度高,使装配后的主轴部件的前端定位表面的偏心量最小。机床在维修拆装主轴轴承时,因原生产厂家已调整好轴承的偏心位置,所以要在拆卸前做好周向位置记号,保证重新装配后,其轴承与主轴的原相对位置不变,减少对主轴部件精度的影响。

③ 滚动轴承间隙与预紧。

滚动轴承存在较大间隙时,载荷将集中作用于受力方向上的少数滚动体上,使得轴承刚度下降,承载能力下降,受力低,旋转精度差。将滚动轴承进行适当预紧,使滚动体与内外圈滚道在接触处产生预变形,受载后承载的滚动体数量增多,受力趋向均匀,提高了承载能力和刚度,有利于减少主轴回转轴线的漂移,提高了旋转精度。若过盈量太大,轴承的摩擦磨损加剧,将使受力显著下降。轴承寿命与间隙之间的关系如图 2-11 所示。

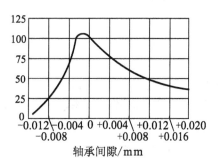

图 2-11 轴承寿命与间隙的关系

不同精度等级、不同的轴承类型和不同的工作条件的主轴部件,其轴承所需的预紧量有所不同。如在加工中心上,角接触球轴承在主轴上安装时,轴承与主轴的配合一般采用 1～5 μm 的过盈配合,轴承与孔的配合则采用 0～5 μm 的间隙配合。主轴部件使用一段时间后轴承因磨损间隙增大,就要重新调整间隙。因此,主轴部件必须具备轴承间隙的调整结构。

角接触球轴承的间隙调整和预紧的方法如图 2-12 所示。成对使用的角接触球是将轴承内圈端面或外圈端面磨去后实现。轴承生产厂家按要求的预紧量成对提供,装配时不需要再调整,用螺母将其并紧后即可获得精确的预紧力。由于使用中不能调整,所以维修比较麻烦。

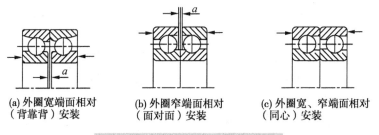

(a) 外圈宽端面相对　　(b) 外圈窄端面相对　　(c) 外圈宽、窄端面相对
　　（背靠背）安装　　　　（面对面）安装　　　　　（同心）安装

图 2-12 角接触轴承间隙的调整

图 2-13 所示为隔套调整的方法。图(a)采用两个套调整,通过两个套的宽度差,调整轴承的间隙。图(b)在轴承外圈设隔套,装配时用螺母并紧内圈获得所需预紧力。这种调整方法不必拆卸轴承,预紧力的大小全凭工人的经验确定。

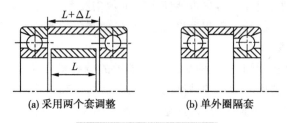

图 2-13 隔套调整方法

采用弹簧自动补偿间隙的结构如 GAMET 轴承所示,用在单向轴向载荷的场合。双列短圆柱滚子轴承的径向间隙调整结构如图 2-14 所示。图(a)所示结构最简单,但控制调整量困难,当调整过紧时,松卸轴承很不方便。图(b)中轴承右侧用螺母来控制调整量,并可以在使用过程中调整,调整方便,但主轴右端需要加工出螺纹,工艺要求较高。图(c)所示是用螺钉 2 通过圆环 1 控制调整量,虽然这种结构在工艺上要求可以低一些,但是用几个螺钉分别调整,容易将圆环压偏,导致轴承内圈偏斜,影响了旋转精度。图(d)所示是用垫圈 1 的厚度来控制调整量,垫圈做成两半可取下修磨,螺钉 3 用于固定垫圈,防止垫圈工作时脱落。这种结构可以准确地控制调整量,可避免轴承内圈偏斜。

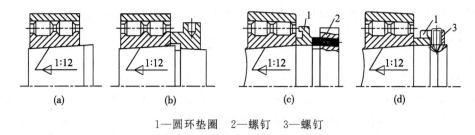

1—圆环垫圈　2—螺钉　3—螺钉

图 2-14 双列短圆柱滚子轴承径向间隙的调整

转速较低且载荷较大的主轴部件常采用双列圆柱滚子轴承与推力球轴承的组合,如图 2-15 所示。图(a)所示是用一个螺母调整径向和轴向间隙,结构比较简单,但不能分别控制径向和轴向的预紧力。当双列滚柱滚子轴承尺寸较大时,调整径向间隙所需的轴向尺寸很大,易在推力球轴承的滚道上压出痕迹。因此,单个螺母调整主要用于中小型机床的主轴部件,在大型机床上一般采用两个螺母分别调整径向和轴向预紧力,如图(b)所示。

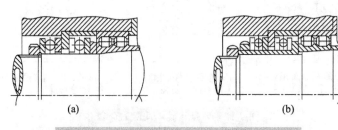

图 2-15 双列滚子与推力球轴承的间隙调整

用螺母调整间隙和预紧,方便简单。但螺母拧在主轴上后,其端面必须与主轴轴线严格垂直,否则将把轴承压偏,影响了主轴部件的旋转精度。造成螺母压偏的主要原因有:主轴螺纹轴线与轴颈的轴线不重合,螺母端面与螺纹轴线不垂直等。因此,除了在加工精度上给予保证外,可在结构方面也采取相应的措施。

### (四)影响主轴旋转精度的因素

采用滚动轴承的主轴部件,影响其旋转精度的主要因素有:滚动轴承、支承孔、主轴及主轴部件安装调整的有关零件的制造精度和装配质量。

1. 轴承制造误差的影响

轴承制造误差的影响主要是:轴承内、外圈滚道的偏心引起的滚道的径向跳动,轴承滚道的圆度误差和波度引起的滚道的形状误差,滚道的端面跳动,滚动体直径不一致和形状误差等引起主轴的径向跳动和轴向窜动。

2. 轴承间隙的影响

轴承间隙的影响主要是:轴承间隙过大时会使主轴线漂移,直接影响加工零件的尺寸精度、几何形状精度和表面粗糙度。

3. 主轴制造误差的影响

主轴制造误差的影响主要是:主轴轴颈的圆度、主轴轴肩对主轴轴线的垂直度、主轴轴颈的轴线与主轴定位面轴线之间的偏心距等的误差,引起主轴回转的径向跳动和轴向窜动。

4. 主轴箱支承孔制造误差的影响

主轴箱支承孔制造误差的影响主要是:孔的圆柱度、孔阶与孔轴线的垂直度以及前后两孔的同轴度等误差,引起主轴回转的径向跳动和挠动。

### (五)主轴准停功能

主轴准停功能又称主轴定位功能,即当主轴停止时能控制其停于固定位置。主要应用于加工中心自动换刀以及高精密坐标孔的加工。如自动换刀时,可保证换刀时主轴上的端面键能对准刀柄上的键槽;加工精密坐标孔时,由于每次都能在主轴固定的圆周位置上装刀,保证了刀尖与主轴相对位置的一致性,从而提高孔径的正确性。

主轴准停装置可分为机械准停和电气准停。图2-16所示是一种电气准停装置。其工作原理是:在带动主轴旋转的多楔带轮1的端面上装有一个厚垫片4,垫片上装有一个体积很小的永久磁铁3。在主轴箱箱体对应于主轴准停的位置上,装有磁传感器2。当机床需要停车换刀时,数控系统发出主轴停转的指令,主轴电动机立即降速,当主轴以最低转速慢转、永久磁铁3对准磁传感器2时,传感器发出准停信号。此信号经放大后,由定向电路控制主轴电机准确地停止在规定的周向位置上。

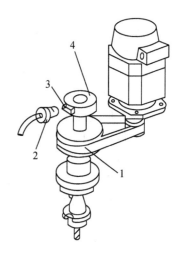

1—多楔带轮　2—磁传感器
3—永久磁铁　4—厚垫片

图2-16　电气式主轴准停装置

# 课题三　数控机床的进给传动系统

数控机床的进给运动是数字控制的直接对象,无论是点位控制、直线控制还是轮廓控制,进给系统的定位精度、快速响应特性和稳定性都会直接影响被加工件的轮廓精度(形状和尺寸精度)、位置精度和表面粗糙度。无论是开环、半闭环还是闭环进给伺服系统,为了确保系统定位精度、快速响应特性和稳定性要求,在机械传动装置设计上,都力求无间隙、低摩擦、低惯性、高传动刚度和适宜的阻尼比。

## 一、数控机床对进给伺服系统机械传动部件的要求

1. 消除传动系统中的传动间隙

传动系统中的间隙引起一个直接的时间滞后,使工作台(执行件)不能马上跟随指令运动,造成系统快速响应特性变差。同时,对于开环伺服进给系统,所有传动环节的间隙都造成工作台的定位误差;对于半闭环伺服进给系统,测量环节之后的传动环节间隙也造成工作台定位误差;对于闭环伺服进给系统,定位精度主要取决于测量环节的测量精度,但传动间隙会增加系统工作不稳定的倾向。在进给系统设计时,广泛采用具有消除传动间隙措施的传动机构,对支承轴承和滚动丝杠螺母副用间隙调整机构来消除间隙和预紧。

2. 提高传动刚度

传动链在负载作用下的弹性变形会引起工作台运动的时间滞后,降低系统的快速响应特性,而且弹性变形能释放时会引起进给的超越。因此,刚性不足的传动链不仅随动误差大,而且易产生工作台速度或位移的不稳定振荡,使系统稳定性下降。在设计中,应避免传动链出现刚度薄弱环节,对系统刚度影响大的传动副,如滚动丝杠,要进行刚度计算,保证在参数设计时的刚度要求,对滚动丝杠及其支承轴承进行预紧可有效地提高刚度。

3. 减少运动件的摩擦阻力

传动件的摩擦阻力使传动效率降低,减小了传递给工作台的扭矩和驱动力,并引起传动件发热和热变形,由此降低传动精度。静摩擦系数和动摩擦系数之差是进给系统产生摩擦自激振动(即爬行现象)的根源。减小运动件的摩擦,尤其是减小丝杠传动和工作台导轨相对运动的摩擦,是提高定位精度、消除低速进给爬行、提高整个伺服进给系统稳定性的重要途径。在数控机床上广泛采用滚动丝杠和滚动导轨,以及塑料贴面导轨和静压导轨,来减少运动件的摩擦阻力,提高伺服进给系统的性能。

4. 减小运动惯量

进给系统中各元件的运动惯量对进给系统的启动和制动特性有直接的影响,尤其是处于高速运转的零件,其惯性影响更大。在满足传动刚度的条件下,应尽可能地采用减小运动惯量的结构,缩小传动件尺寸,并把传动比合理分配,把传动件合理配置。

5. 系统要有适当的阻尼

阻尼一方面降低进给伺服系统的快速响应特性,另一方面增加系统的稳定性。在刚度不足时,运动件之间的运动阻尼对降低工作台爬行、提高系统稳定性起重要作用。

6. 提高系统传动件传动精度

对开环伺服进给系统，各传动副传动误差直接引起工作台的位移和定位误差。因此，为提高开环系统的伺服进给精度，必须提高传动件的传动精度，尤其是提高丝杠螺母副的传动精度。对半闭环伺服进给系统，测量环节都不包括丝杠螺母副，提高丝杠螺母副的精度也是非常重要的，直接影响到伺服进给精度的提高。对闭环系统，伺服进给的位移和定位精度主要取决于测量装置的测量精度，因此闭环系统对传动件传动精度的要求比开环系统低。

## 二、数控机床的进给系统机械传动原理

只考虑进给系统的机械传动部分，则其传动原理如图 2-17 所示。

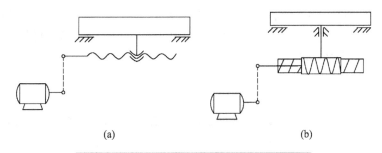

图 2-17　数控机床进给系统机械传动原理

图 2-17(a)代表直线进给运动传动链。用伺服电动机或步进电动机作驱动源，经定比机械传动降速带动丝杠螺母副，丝杠螺母副把旋转运动转换为执行件的直线运动。数控镗铣床、加工中心的工作台、立柱、主轴箱的平移、数控车床的溜板平移等都采用这种传动方式。

图 2-17(b)代表回转进给运动传动链。与直线进给运动不同的是末端传动副选用大降速比的蜗轮蜗杆传动副或大降速比的斜齿轮传动副。数控滚齿机的工作台、用于数控镗铣类机床和加工中心的数控回转工作台等都采用这种传动方式。

## 三、数控机床的进给机械传动部件

（一）滚珠丝杠螺母副

1. 滚珠丝杠螺母副的工作原理和特点

图 2-18 是滚珠丝杠螺母副的示意图。在丝杠 3 和螺母 1 上都加工有圆弧形螺旋槽，当它们对合后，就形成了螺旋滚道。在螺旋滚道内装有许多滚珠 2，当丝杠 3 相对螺母 1 旋转时，滚珠 2 和滚道的导向迫使丝杠 3 相对螺母 1 产生轴向移动，而滚珠则沿滚道滚动。在螺母 1 的螺旋槽两端装有挡珠器，由回路管道 $b$ 将滚道的两端 $a$ 与 $c$ 圆滑连接起来，使滚珠从螺旋滚道一端 $a$ 滚出后，沿滚道回路管道 $b$ 重新回到滚道的起始端 $c$，使滚珠循环滚动。

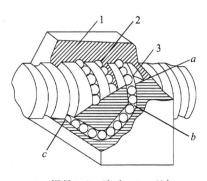

1—螺母　2—滚珠　3—丝杠

图 2-18　滚珠丝杠螺母副示意图

滚珠丝杠螺母副具有下述特点：

① 摩擦损失小，机械效率高。滚珠丝杠螺母副的机械传动效率 $\eta=0.92\sim0.96$，比常规

滑动丝杠螺母副提高了3~4倍。

② 运动灵敏,低速时无爬行。滚珠丝杠螺母副中滚珠与丝杠和螺母是滚动摩擦,其动、静摩擦系数基本相等,并且很小。

③ 具有传动的可逆性。既可以将旋转运动转化为直线运动,也可以把直线运动转化为旋转运动。

④ 使用寿命长。滚珠丝杠螺母副的磨损很小,使用寿命主要取决于材料表层疲劳极限,而滚珠丝杠螺母副的循环次数比滚动轴承低,因此使用寿命长。

⑤ 轴向刚度高。滚珠丝杠螺母副可以完全消除间隙传动,并可预紧,因此具有较高的轴向刚度。同时,反向时无空程死区,反向定位精度高。

⑥ 制造工艺复杂。滚珠丝杠和螺母的材料、热处理和加工要求相当于滚动轴承,螺旋滚道必须磨削,制造成本高。目前已由专门的厂集中生产,其规格、型号已标准化和系列化,这样不仅提高了滚珠丝杠螺母副的产品质量,而且也降低了生产成本,使滚珠丝杠螺母副得到了广泛的应用。

2. 滚珠丝杠螺母副的结构形式

滚珠丝杆按用途分为两类:定位滚珠丝杠副,P类;传动滚珠丝杠副,T类。数控机床进给运动用P类。

按螺旋滚道法向截面形状、滚珠循环方式、消除轴向间隙和调整预紧的方式不同,滚珠丝杠螺母副有不同的结构形式。

(1) 螺旋滚道法向截面形状。

国内生产的滚珠丝杠螺母副螺旋滚道法向截面形状有单圆弧形和双圆弧形两种。

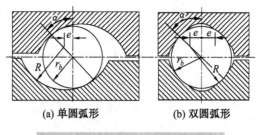

图2-19 螺旋滚道法向截面形状

(2) 滚珠循环方式。

滚珠有两种循环方式:外循环和内循环。

外循环方式指在循环过程中滚珠与丝杠脱离接触。从结构上看,外循环有三种方式:螺旋槽式、插管式和端盖式。插管式外循环方式如图2-20所示,用一弯管1的两端插入与螺纹滚道5相切的两个内孔,用弯管的端部引导滚珠4进入弯管,构成滚珠的循环回路,再用压板2和螺钉将弯管固定,其结构简单,容易制造,应用较多,但是径向尺寸较大,易磨损。

内循环方式指在循环过程中滚珠始终保持和丝杠接触,如图2-21所示,在螺母2的侧面孔内装有接触相邻滚道的反向器4,利用反向器引导滚珠3越过丝杠1的螺纹顶部进入相邻滚道,形成一个循环回路。内循环方式的优点是滚珠循环的回路短,流畅性好,传动效率高,结构紧凑;但其缺点是反向器加工困难,装配调整不方便,不能用于多头螺旋传动,不适用于重载传动。

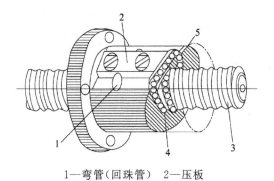

1—弯管(回珠管) 2—压板
3—丝杠 4—滚珠 5—滚道

图 2-20 插管式外循环滚珠丝杠螺母副

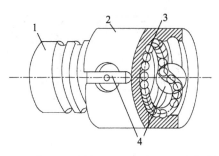

1—丝杠 2—螺母 3—滚珠 4—反向器

图 2-21 内循环滚珠丝杠螺母副

(3) 消除间隙和调整预紧的结构形式。

在数控机床进给系统中使用的滚珠丝杠螺母副广泛采用双螺母结构,通过两螺母周向限位、轴向相对移动或轴向限位、周向相对转动来消除间隙和调整预紧。通常滚珠丝杠螺母副在出厂时就由制造厂调整好预紧力,预紧力与丝杠螺母副的额定动载荷有一定关系。常用的双螺母预紧方法有:双螺母垫片式预紧、双螺母螺纹式预紧和双螺母齿差式预紧。

双螺母垫片式预紧如图 2-22 所示,磨削垫片 1 的厚度,控制螺母 2 的轴向位移量,用螺钉紧固并压紧垫片使螺母产生轴向位移。这种预紧结构简单,装卸方便,刚度大,但调整不方便。

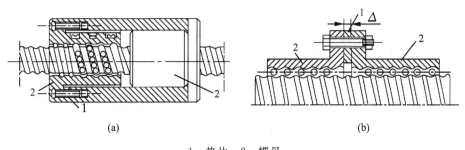

1—垫片 2—螺母

图 2-22 双螺母垫片式预紧

双螺母螺纹式预紧如图 2-23 所示,调整端部的圆螺母 2,使螺母产生轴向位移,然后用锁紧螺母 1 锁紧。这种预紧结构紧凑,工作可靠,调整方便,应用广,但调整不准确,难以控制预紧量。

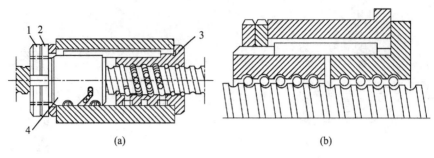

1—锁紧螺母　2—圆螺母　3、4—螺母

图 2-23　双螺母螺纹式预紧

双螺母齿差式预紧如图 2-24 所示,两个螺母的两端分别制有圆柱齿轮 3,两者齿数之差为 1,通过两端的两个内齿轮 2 与上述圆柱齿轮相啮合,并用螺钉和定位销固定在套筒 1 上。调整时先取下两端的内齿轮 2,当两个滚珠螺母相对于套筒 1 向同一方向同时转动时,每转过一个齿,调整一个轴向位移量。这种调整方式精确可靠,但结构尺寸较大,并且过于复杂,适用于高精度的传动机构,数控机床进给传动中用得很多。

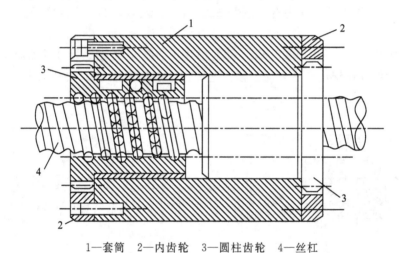

1—套筒　2—内齿轮　3—圆柱齿轮　4—丝杠

图 2-24　双螺母齿差式预紧

3. 滚珠丝杠螺母副的型号和标注

滚珠丝杠螺母副的型号是用大写汉语拼音字母和阿拉伯数字按一定规律排列组成的,其构成规则以及字母和数字的表示意义如下:

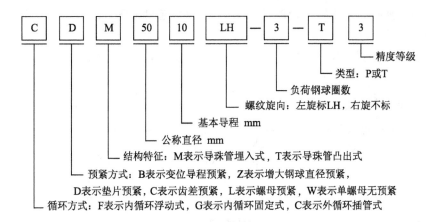

在装配图和零件图中,滚珠螺纹按下述方法标注:

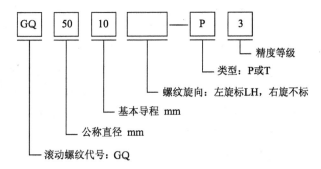

**4. 滚珠丝杠螺母副的精度**

滚珠丝杠螺母副的精度是根据JB3162.2—91编写的,按使用范围及要求分为7个精度等级,即1、2、3、4、5、7和10级精度。一般动力传动可选用5、7级精度,数控机械和精密机械可选用3、4级精度,精密仪器、仪表机床、数控坐标镗床、螺纹磨床可选用1、2级精度。

**(二)联轴器**

数控机床进给传动系统中,伺服电动机轴、传动轴、滚珠丝杠之间经常用联轴器相连接。为了保证传动精度,消除回程误差,应采取措施消除扭转方向上联轴器的连接间隙。图2-25所示是几种套筒式联轴器。

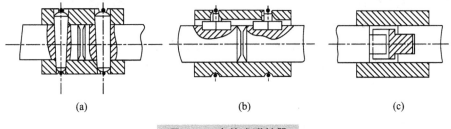

图2-25 套筒式联轴器

图2-25(a)所示是一种较简单的结构,用锥销连接轴与套筒,锥销销紧后能消除传动间隙,外面弹性卡圈紧固防松。这种结构简单实用,但防止锥销松动方法不可靠。

图2-25(b)所示的联轴器用键连接,外加顶丝顶紧,用弹性卡圈紧固顶丝,防止顶丝松动。这种结构消除周向间隙不可靠,易松动,但结构简单,加工、安装容易。

图 2-25(c)所示是用十字滑块联轴器相连，滑块的槽口配研。这种结构不能保证完全消除传动间隙。

另外还有一些消除轴套与轴之间传动间隙的方法，如图 2-26 所示。

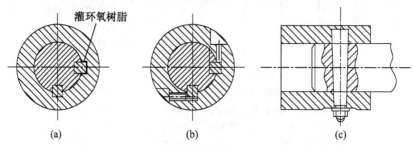

图 2-26 联轴器消除传动间隙方法

图 2-26(a)所示是用双键结构，为避免过定位，其中一个键与套筒键槽配合是大间隙的，安装后在键连接间隙中灌注环氧树脂。图 2-26(b)所示是用双键加侧向顶丝结构。图 2-26(c)所示是用端部带螺纹的锥销，用螺母加弹簧垫圈锁紧。

套筒式联轴器构造简单，径向尺寸小，但要求被连接两轴轴线严格对中。当两轴轴线存在径向及角度偏差时，易产生"憋劲"现象，尤其是采取消除传动间隙措施后，"憋劲"现象更严重。为避免刚性套筒联轴器产生的"憋劲"现象，数控机床进给传动广泛采用一种挠性联轴器，如图 2-27 所示，柔性片 4 分别用螺钉和球面垫圈 3 与两边的联轴套 2 相连，通过柔性片 4 传递扭矩，两端的位置偏差由柔性片的变形抵消。

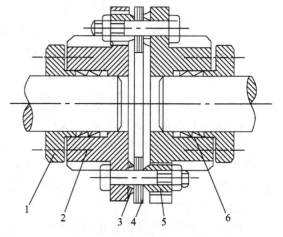

1—压圈　2—联轴套　3—球面垫圈
4—柔性片　5—挠性件　6—弹性环

图 2-27 挠性联轴器

（三）齿轮传动

当考虑转矩、惯性或脉冲当量要求，必须在伺服电动机和丝杠之间安排降速传动时，可采用一级或二级齿轮传动。数控机床进给系统中使用的齿轮除要求有很高的传动精度和工作平稳性以外，还必须尽可能消除齿轮传动间隙。数控机床进给系统用的齿轮精度推荐不低于 5 级，并应跑合。下面重点介绍常用消除齿轮传动间隙的方法和结构。

1. 直齿圆柱齿轮

图 2-28 所示是偏心轴套消除传动间隙结构。电动机 2 是用偏心套 1 与箱体连接的，转动偏心套 1 的位置就能调整两啮合齿轮中心距，从而消除齿侧间隙，其结构非常简单，常用于电动机与丝杠之间齿轮传动，但这种方法只能补偿齿厚误差与中心距误差引起的齿隙，不能补偿偏心误差引起的齿隙。

图 2-29 所示是采用变齿厚圆柱齿轮传动，通过垫片 3 对齿轮 1、2 进行轴向相对位置调

整可以消除齿隙,变齿厚齿轮齿厚在轴向稍有变化。

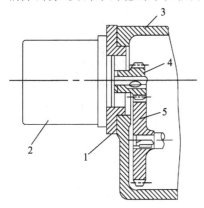

1—偏心套　2—电动机　3—壳体　4、5—齿轮

图 2-28　偏心轴套式消除间隙结构

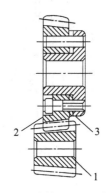

1、2—齿轮　3—垫片

图 2-29　变齿厚齿轮消除间隙结构

图 2-30 所示是双片齿轮错齿法消除间隙结构。两个相同齿数和模数的薄片齿轮 1 和 2 与另一个宽齿轮啮合,两个薄片齿轮套装在一起,并可相对回转,每个齿轮端面均布四个螺孔,分别装有凸耳 3 和 4。齿轮 1 的端面还有四个均布通孔,让凸耳 3 在其中穿过。弹簧 8 两端分别钩在凸耳 4 和安装在凸耳 3 上的调节螺钉 5 上,通过调节螺母 7 可调节弹簧拉力,用螺母 6 锁紧。弹簧 8 的拉力使薄片齿轮 1、2 错位,两个薄片齿轮的左右齿面分别紧贴在宽齿轮齿槽左右齿面上,从而消除齿隙,并可自动补偿齿隙,保证无间隙传动。但正反转啮合只有一个齿轮承载,因此承载能力受到限制。在设计时必须计算弹簧拉力,使它能克服最大扭矩,否则将失去消除齿隙的作用。这种方式结构比较复杂。

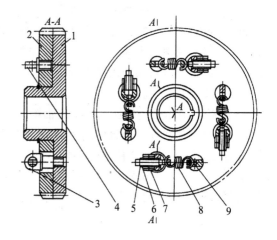

1、2—薄片齿轮　3、4—凸耳　5—调节螺钉
6—锁紧螺母　7—调节螺母　8—弹簧

图 2-30　双片齿轮错齿法消除齿隙结构

2. 斜齿圆柱齿轮传动

图 2-31 所示是用轴向垫片调整法消除传动间隙的结构。宽齿轮同时与两个相同的薄片齿轮啮合,薄片齿轮用平键和轴连接,互相不能相对转动。两齿轮拼装在一起加工,加工时就在两齿轮之间加入垫片,并保持键槽确定的装配位置。装配时,将垫片厚度减少或增加 $\Delta t$,然后再拧紧螺母,这时两齿轮螺旋线就产生了错位,其左右两齿面分别与宽齿轮的齿槽左右两齿面贴紧,消除了齿侧间隙。垫片厚度的增减量为

$$\Delta t = \delta \cot \beta$$

式中,$\delta$ 为齿侧间隙,$\beta$ 为斜齿轮螺旋角。

这种调整方式适用于负载范围大的多种场合,但调整较复杂,不能自动补偿齿隙。

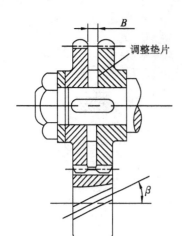
图 2-31 用轴向垫片调整法消除齿隙结构

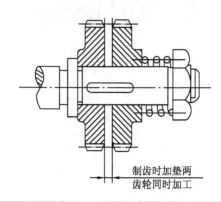
图 2-32 用轴向压簧调整法消除斜齿齿隙结构

图 2-32 所示是用轴向压簧调整法消除齿隙的结构,它消除相啮合的斜齿轮齿侧间隙的原理与图 2-31 所示的轴向垫片调整法是一样的。但用弹簧压紧能自动补偿齿侧间隙,达到无间隙传动。弹簧弹力要用调整螺母调整到适当的值,过大会使齿轮磨损加快,降低使用寿命;过小起不到消除齿隙的作用。这种结构轴向尺寸过长,在有些场合限制了其应用,它多用于小负载,要求自动补偿齿隙的传动。

3. 圆锥齿轮传动

图 2-33 所示是轴向压簧调整法消除圆锥齿轮传动间隙的结构。相互啮合的一对圆锥齿轮,其中一个在轴向压簧作用下,在轴向能始终保持与被啮合齿轮顶紧状态,这样就能消除并补偿齿侧间隙。这种结构用于小负载、要求自动补偿齿侧间隙的场合。

图 2-34 所示是用双片齿轮错齿法消除圆锥齿轮传动间隙的结构,它与图 2-30 所示的结构消除齿侧间隙的原理和方法基本相同。

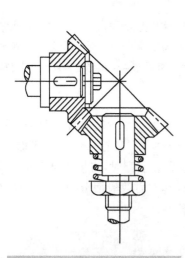
图 2-33 用轴向压簧调整法消除圆锥齿轮传动间隙的结构

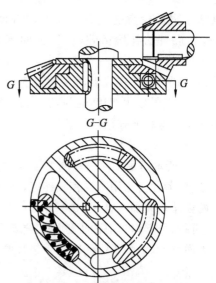
图 2-34 用双片齿轮错齿法消除圆锥齿轮传动间隙的结构

#### 4. 齿轮齿条传动

工作行程很长的大型数控机床通常采用齿轮齿条来实现进给驱动。进给力不大时，可以采用类似于圆柱齿轮传动中的双薄片齿轮结构，通过错齿的方法来消除传动间隙；进给力较大时，通常采用双齿轮的传动结构，图 2-34 是这种方法消除传动间隙的原理图。进给运动由轴 7 输入，经齿轮定比传动轴 2，再通过两对斜齿轮将运动传递给轴 1 和 3，然后由两个直齿斜齿轮 4 和 6 去传动齿条 5，带动工作台移动。轴 2 上的两个斜齿轮的螺旋线的方向相反。如果通过弹簧 8 在轴 2 上作用一个轴向力 $F$，使斜齿轮产生微量轴向移动，这时轴 1 和 3 在各自相啮合的斜齿轮作用下便以相反的方向转动微小的角度，使齿轮 4 和 6 分别与齿条 5 的两齿面贴紧，消除了传动间隙。

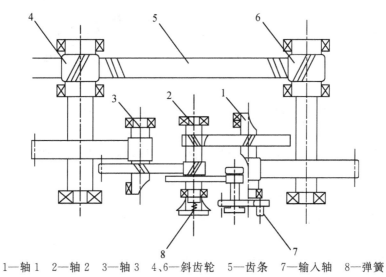

1—轴 1　2—轴 2　3—轴 3　4,6—斜齿轮　5—齿条　7—输入轴　8—弹簧

图 2-35　双齿轮传动消除齿轮齿条传动间隙的原理

#### 5. 蜗轮蜗杆传动

数控机床的进给运动可以是回转运动，如数控滚齿机分度工作台，数控加工中心、数控铣床、钻床、镗床的回转工作台等。对进给运动是回转运动的传动系统，最后传动执行元件大多数采用大降速比的蜗轮蜗杆传动，称之为分度蜗轮蜗杆。从误差传递规律可知：分度蜗轮蜗杆本身的传动精度对整个进给传动链传动精度起决定性作用。因此，用于数控机床回转进给运动的分度蜗轮蜗杆必须具有较高制造精度和装配精度，同时还要采取措施消除传动间隙。下面是蜗轮蜗杆传动消除传动间隙的两种常用方法。

（1）双蜗杆传动。

用两个蜗杆同时传动一个蜗轮，其中一个蜗杆可相对另一个蜗杆转动或产生轴向移动，以此实现啮合间隙调整。这种方法能实现正确的啮合关系和完全的齿面接触，但制造成本高，传动效率低，调整不当时容易咬坏齿面。

图 2-36 是平行布置的双蜗杆传动原理图，这种结构常用于大型数控回转工作台，如滚齿机工作台。调整时可通过调位联轴器 5 单独转动蜗杆 3，调整和消除传动间隙；也可不用调位联轴器，通过配磨垫片使蜗杆 3 轴向移动，消除传动间隙。

双蜗杆传动还可将蜗杆垂直布置。

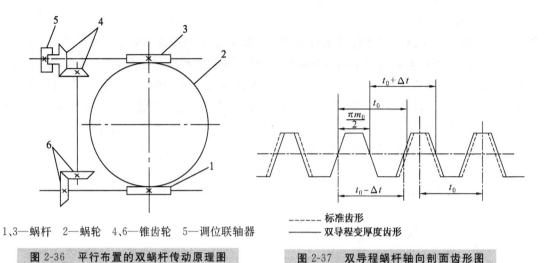

1、3—蜗杆　2—蜗轮　4、6—锥齿轮　5—调位联轴器

图 2-36　平行布置的双蜗杆传动原理图

------ 标准齿形
——— 双导程变厚度齿形

图 2-37　双导程蜗杆轴向剖面齿形图

(2) 采用双导程蜗杆传动。

图 2-37 是双导程蜗杆轴向剖面齿形图,它的特点是左、右齿面具有不等的轴向节距。

$$t_d = t_0 + \Delta t, \quad t_x = t_0 - \Delta t$$

式中,$t_d$ 为右侧齿面节距;$t_x$ 为左侧齿面节距;$t_0$ 为公称轴向节距,等于左、右侧节距的平均值;$\Delta t$ 为左、右侧节距与公称节距的差值。

相邻两齿厚之差为 $(t_0+\Delta t)-(t_0-\Delta t)=2\Delta t$,因此,从中间某一齿开始,向一侧(图中向左)的螺牙的厚度依次递减;而向另一侧(图中向右)的螺牙的厚度依次递增。中间的某一齿厚度为标准值 $\pi m_0/2$。也就是说,双导程蜗杆的螺牙从一端到另一端是逐渐变厚的,但各齿厚中点的节距是不变的,都等于公称节距 $t_0$。但是,与它啮合的蜗轮的所有齿厚均相等,因此,蜗杆沿轴向移动时,改变了它们之间的啮合间隙,从而消除传动间隙。

图 2-38 所示是一种双导程蜗杆轴向调整结构,蜗杆 2 轴向移动是由调整垫圈 3 实现的。调整时松开螺钉 4,取下剖分式垫圈 3,将它磨去一定厚度,然后依次装上,蜗杆 2 就可获得一轴向微小位移。采用双导程蜗杆传动消除啮合侧隙,始终能保证正确啮合关系,结构简单、紧凑,调整方便。机床的回转类工作台、分度工作台和机床读数机构,多数采用双导程蜗轮蜗杆传动。

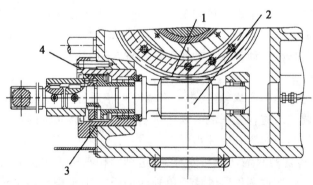

1—蜗轮　2—蜗杆　3—调整垫圈　4—螺钉

图 2-38　双导程蜗杆轴向调整结构

### （四）同步齿形带传动

数控机床进给系统最常用的同步齿形带结构如图2-39所示，同步齿形带的工作面有梯形齿和圆弧齿两种，其中梯形齿同步带最为常用。

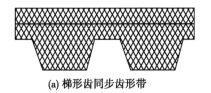
(a) 梯形齿同步齿形带

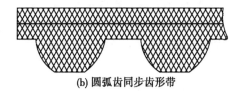
(b) 圆弧齿同步齿形带

图2-39　同步齿形带结构

同步齿形带传动综合了带传动和链传动的优点，运动平稳，吸振好，噪声小。缺点是对中心距要求高，带和带轮制造工艺复杂，安装要求高。

同步齿形带带型从最轻型到超重型共分七种。选择同步齿形带时，首先根据要求传递的功率和小带轮的转速选择同步齿形带的带型和节距，然后根据要求传递的变速比确定小带轮和大带轮的直径。通常在带速和安装尺寸条件允许时，小带轮直径尽量取大一些；再根据初选轴间距计算带长，选取标准同步齿形带；最后确定带宽和带轮的结构和尺寸。

同步齿形带传动的主要失效形式是同步齿形带疲劳断裂、带齿剪切和压溃以及同步齿形带两侧和带齿的磨损，因而同步齿形带传动校核主要是限制单位齿宽的拉力，必要时还校对工作齿面的压力。

### （五）导轨

导轨对运动部件起导向和支承作用，对进给伺服系统的工作性能有重要影响。数控机床进给伺服系统导轨主要是直线型的，回转型导轨在加工中心的回转工作台上也有应用，其工作原理和特点与直线型导轨是相同的。

**1. 数控机床对导轨的主要要求**

（1）导向精度高。

导向精度是指机床的运动部件沿导轨移动时的直线与有关基面之间的相互位置的准确性。无论空载还是加工，导轨都应具有足够的导向精度，这是对导轨的基本要求。各种机床对于导轨本身的精度都有具体的规定或标准，以保证导轨的导向精度。

（2）精度保持性好。

精度保持性是指导轨能否长期保持原始精度。影响精度保持性的主要因素是导轨的磨损，此外，还与导轨的结构形式及支承件（如床身）的材料有关。数控机床的精度保持性要求比普通机床高，应采用摩擦系数小的滚动导轨、塑料导轨或静压导轨。

（3）足够的刚度。

机床各运动部件所受的外力，最后都由导轨面来承受。若导轨受力后变形过大，不仅破坏了导向精度，而且恶化了导轨的工作条件。导轨的刚度主要取决于导轨类型、结构形式和尺寸大小、导轨与床身的连接方式、导轨材料和表面加工质量等。数控机床的导轨截面积通常较大，有时还需要在主导轨外添加辅助导轨来提高刚度。

（4）良好的摩擦特性。

数控机床导轨的摩擦系数要小，而且动、静摩擦系数应尽量接近，以减小摩擦阻力和导轨热变形，使运动轻便平稳，低速无爬行。

此外，导轨结构工艺性要好，便于制造和装配，便于检验、调整和维修，而且有合理的导轨防护和润滑措施等。

2. 数控机床导轨的种类和特点

导轨按接触面的摩擦性质可以分为滑动导轨、滚动导轨和静压导轨三种，其中，数控机床最常用的是贴塑滑动导轨和滚动导轨。

（1）滑动导轨。

滑动导轨具有结构简单、制造方便、刚度好、抗振性高等优点，是机床上使用最广泛的导轨形式。但普通的铸铁—铸铁、铸铁—淬火钢导轨，存在的缺点是静摩擦系数大，而且动摩擦系数随速度变化而变化，摩擦损失大，低速(1~60 mm/min)时易出现爬行现象等，降低了运动部件的定位精度。通过选用合适的导轨材料和采用相应的热处理及加工方法，可以提高滑动导轨的耐磨性及改善其摩擦特性，如采用优质铸铁、合金耐磨铸铁或镶淬火钢导轨进行导轨表面滚轧强化、表面淬硬、涂铬、涂钼工艺处理等。

贴塑导轨是被广泛用在数控机床进给系统中的一种滑动摩擦导轨。贴塑导轨将塑料基的自润滑复合材料覆盖并粘贴于滑动部件的导轨上，与铸铁或镶钢的床身导轨配用，可改变原机床导轨的摩擦状态。目前，使用较普遍的自润滑复合材料是填充聚四氟乙烯软带。与传统滑动摩擦导轨相比，它的摩擦系数小，动、静摩擦系数差小，低速无爬行，吸振，耐磨，抗撕伤能力强，成本低，黏结工艺简单，加工性和化学稳定性好，并有良好的自润滑性和抗振性，可以使用在大型和重型机床上。

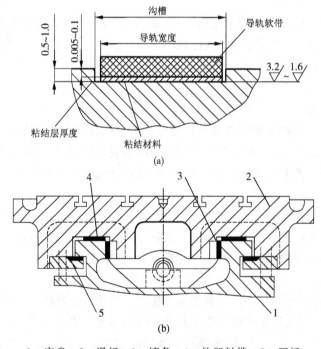

1—床身　2—滑板　3—镶条　4—软塑料带　5—压板

图 2-40　贴塑导轨的结构示意图

图 2-40 是贴塑导轨的结构示意图,其中图 2-40(a)为聚四氟乙烯塑料软带的粘贴尺寸以及粘贴表面加工要求示意图,在导轨面加工出 0.5~1 mm 深的凹槽,通过黏结胶将塑料软带和导轨黏结;图 2-40(b)中滑板 2 和床身 1 间采用了聚四氟乙烯—铸铁导轨副,在滑板的各导轨面以及压板 5 和镶条 3 上也粘贴有聚四氟乙烯塑料软带,满足了机床对导轨的低摩擦、耐磨、无爬行、高刚度的要求。

(2) 滚动导轨。

滚动导轨是在导轨面之间放置滚珠、滚柱、滚针等滚动体,使导轨面之间的滑动摩擦变为滚动摩擦,特别适用于机床的工作部件要求移动均匀、运动灵敏及定位精度高的场合,这是滚动导轨在数控机床上得到广泛应用的原因。

① 滚动导轨的分类。

根据滚动体的类型,滚动导轨有下列三种结构形式:

(a) 滚珠导轨:这种导轨以滚珠作为滚动体,运动灵敏度好,定位精度高,但其承载能力和刚度较小,一般都需要通过预紧提高承载能力和刚度。为了避免在导轨面上压出凹坑而丧失精度,一般采用淬火钢制造导轨面。滚珠导轨适用于运动部件质量不大、切削力较小的数控机床。

(b) 滚柱导轨:这种导轨的承载能力及刚度都比滚珠导轨大,但对安装的要求也高,若安装不良,会引起偏移和侧向滑动,使导轨磨损加快、降低精度。目前数控机床,特别是载荷较大的机床,通常都采用滚柱导轨。

(c) 滚针导轨:这种导轨的滚针比同直径的滚柱长度更长。滚针导轨的特点是尺寸小,结构紧凑。为了提高工作台的移动精度,滚针的尺寸应按直径分组。滚针导轨适用于导轨尺寸受限制的机床上。

根据滚动导轨是否预加负载,滚动导轨还可以分为预加载和无须加载两类。预加载的优点是提高了导轨的刚度,适用于颠覆力矩较大和垂直方向的导轨,数控机床的坐标轴通常都采用这种导轨。无预加载的滚动导轨常用于数控机床的机械手、刀库等传送机构。

此外,数控机床还普遍采用滚动导轨块,它是一种圆柱滚动体的标准结构导轨元件。滚动导轨块安装在运动部件上,工作时滚动体在导轨块和支承件导轨平面不动件之间运动,在导轨块内部实现循环。滚动导轨块刚度高、承载能力强、便于拆卸,它的行程取决于支承件导轨平面的长度,但该类导轨制造成本高,抗振性能欠佳。目前滚动导轨块有 HJG—K 系列和 6192 型两个产品系列。HJG—K 系列的滚子中间直径略小,可用弹簧钢带限位;6192 型两端有滚子限位凸起。

② 滚动导轨的结构原理。

图 2-41 是滚动直线导轨的结构示意图,它是一种单元式标准结构导轨元件,它由导轨、滑块、钢球、反向器、密封端盖及挡板等部分组成。当导轨与滑块做相对运动时,钢球就沿着导轨上经过淬硬并精密磨削加工而成的四条滚道滚动;在滑块端部,钢球通过反向器反向,进入回珠孔后再返回到滚道,钢球就这样周而复始地进行滚动运动。滚动直线导轨在装配平面上采用整体安装的方法,反向器两端装有防尘密封端盖,可有效地防止灰尘、屑末进入滑块内部。

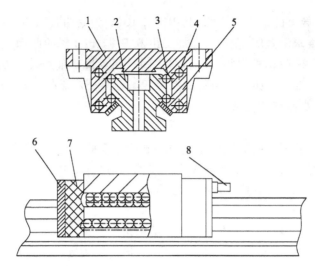

1—滑块 2—导轨 3—钢球 4—回珠孔 5—侧密封 6—密封端盖 7—挡板 8—油杯

图 2-41 滚动直线导轨的结构示意图

③ 滚动导轨的特点。

滚动直线导轨副在大大降低滑块与导轨之间的运动摩擦阻力的同时,还具有以下特点:

(a) 动、静摩擦力之差很小,灵敏性极好,驱动信号与机械动作间的滞后时间极短,有利于提高数控系统的响应速度和灵敏度。

(b) 驱动电动机的功率大幅度下降,它实际所需的功率只相当于普通导轨的十分之一左右。它与 V 形十字交叉滚子导轨相比,摩擦阻力可下降 40 倍左右。

(c) 适合于高速、高精度加工机床,它的瞬时速度可比滑动导轨提高 10 倍左右,从而可以实现高定位精度和重复定位精度的要求。

(d) 可以实现无间隙运动,提高进给系统的运动精度。

(e) 滚动导轨成对使用时,具有"误差均化效应",从而降低基础件(导轨安装面)的加工精度要求,降低基础件的机械制造成本与难度。

(f) 导轨副的滚道截面采用合理比值的圆弧沟槽,接触应力小,承载能力及刚度比平面与钢球点接触时大大提高。

(g) 导轨采用表面硬化处理工艺,导轨内仍保持良好的机械性能,从而使它具有良好的可校性。

(h) 滚动导轨对安装面的要求较低,简化了机械结构设计,降低了机床加工制造成本。

(3) 静压导轨。

静压导轨的滑动面之间开有油腔,将有一定压力的油通过节流输入油腔,形成压力油膜,浮起运动部件,使导轨工作表面处于纯液体摩擦,不产生磨损,精度保持性好;同时摩擦系数也极低(0.0005),使驱动功率大大降低;低速无爬行,承载能力大,刚度好。此外,油液有吸振作用,抗振性好。其缺点是结构复杂,要有供油系统,油的清洁度要求高。图 2-42 是静压导轨的示意图。

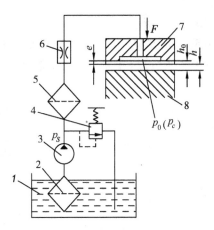

1—油箱 2—滤油器 3—液压泵 4—溢流阀 5—精密滤油器 6—节流阀 7—运动件 8—承导件

图 2-42 静压导轨示意图

静压导轨横截面的几何形状一般有 V 形和矩形两种。采用 V 形便于导向和回油,采用矩形便于做成闭式静压导轨。另外,油腔的结构对静压导轨的性能影响很大。静压导轨在小型数控机床上应用较少。

## 课题四 数控机床的自动换刀系统

### 一、自动换刀装置的形式

数控机床为了能在工件一次装夹中完成多种甚至所有加工工序,以缩短辅助时间和减少多次安装工件所引起的误差,必须带有自动换刀装置。数控车床上的回转刀架就是一种简单的自动换刀装置,所不同的是在多工序数控机床出现之后,逐步发展和完善了各类回转刀具的自动换刀装置,扩大了换刀数量,从而能实现更为复杂的换刀操作。

在自动换刀数控机床上,对自动换刀装置的基本要求是:换刀时间短,刀具重复定位精度高,有足够的刀具存储量,刀库占地面积小及安全可靠等。

各类数控机床的自动换刀装置的结构取决于机床的形式、工艺范围及其刀具的种类和数量。其基本类型有以下几种:

1. 回转刀架换刀

回转刀架是一种最简单的自动换刀装置,常用于数控车床,可以设计成四方刀架、六角刀架或圆盘式轴向装刀刀架等多种形式。回转刀架上分别安装着四把、六把或更多的刀具,并按数控装置的指令换刀。

回转刀架在结构上必须具有良好的强度和刚度,以承受粗加工时的切削抗力。由于车削加工精度在很大程度上取决于刀尖位置,对于数控车床来说,加工过程中刀具位置不进行人工调整,因此更有必要选择可靠的定位方案和合理的定位结构,以保证回转刀架在每次转位之后具有尽可能高的重复定位精度(一般为 0.001~0.005 mm)。

一般情况下,回转刀架的换刀动作包括刀架抬起、刀架转位及刀架压紧等。回转刀架按其工作原理分为若干类型,如图 2-43 所示。

图 2-43(a)所示为螺母升降转位刀架,电动机经弹簧安全离合器到蜗轮副带动螺母旋转,螺母举起刀架使上齿盘与下齿盘分离,随即带动刀架旋转,到位后给系统发信号,螺母反转锁紧。

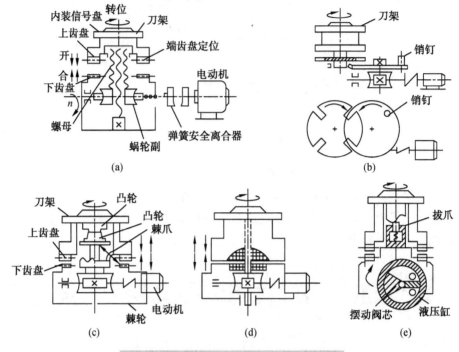

图 2-43 回转刀架的类型及其工作原理

图 2-43(b)所示为利用十字槽轮来转位及锁紧刀架(还要加定位销),销钉每转一周,刀架便转 1/4 转(也可设计成六工位等)。

图 2-43(c)所示为凸台棘爪式刀架,蜗轮带动下凸轮台相对于上凸轮台转动,使其上、下端齿盘分离,继续旋转,则棘轮机构推动刀架转 90°,然后利用一个接触开关或霍尔元件发出电动机反转信号,重新锁紧刀架。

图 2-43(d)所示为电磁式刀架,它利用了一个有 10 kN 左右拉紧力的线圈使刀架定位锁定。

图 2-43(e)所示为液压式刀架,它利用摆动液压缸来控制刀架转位,图中有摆动阀芯、拔爪、小液压缸;拔爪带动刀架转位,小液压缸向下拉紧,产生 10 kN 以上的拉紧力。这种刀架的特点是转位可靠,拉紧力可以再增大,但其缺点是液压件难制造,还需多一套液压系统,有液压油泄漏及发热问题。

图 2-44 所示为数控车床的六角回转刀架,它适用于盘类零件的加工。这种刀架的全部动作由液压系统通过电磁换向阀和顺序阀进行控制,其换刀过程如下:

(1) 刀架抬起。

当数控装置发出换刀指令后,压力油由 A 进入压紧液压缸的下腔,活塞上升,刀架体抬起,使定位活动插销与固定插销脱离。同时,活塞杆下端的端齿离合器与空套齿轮结合。

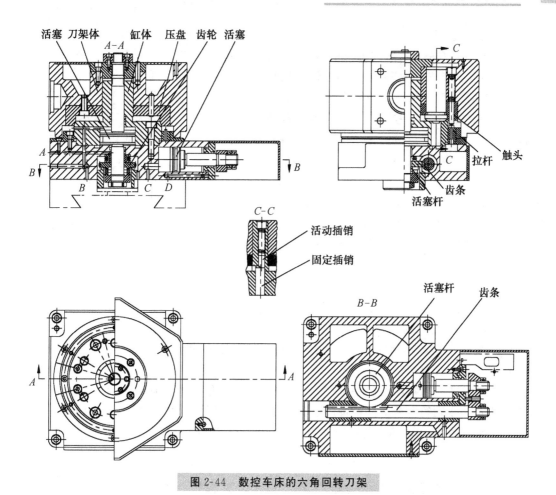

图 2-44 数控车床的六角回转刀架

(2) 刀架转位。

当刀架抬起之后,压力油从 C 孔转入液压缸左腔,活塞向右移动,通过连接板带动齿条移动,使空套齿轮向逆时针方向转动,通过端齿离合器使刀架转过 60°。活塞的行程应等于齿轮节圆周长的 1/6,并由限位开关控制。

(3) 刀架压紧。

刀架转位之后,压力油从 B 孔进入压紧液压缸的上腔,活塞带动刀架体下降。缸体的底盘上精确地安装六个带斜楔的圆柱固定插销,利用活动插销消除定位销与孔之间的间隙,实现反靠定位。刀架体下降时,定位活动插销与另一个固定插销卡紧,同时缸体与压盘的锥面接触,刀架在新的位置定位并压紧。这时,端齿离合器与空套齿轮脱开。

(4) 转位液压缸复位。

刀架压紧后,压力油从 D 孔进入转位油缸右腔,活塞带动齿条复位,由于此时端齿离合器已脱开,齿条带动齿轮在轴上空转。

如果定位和压紧动作正常,拉杆与相应的接触头接触,发出信号表示换刀过程已结束,可以继续进行切削加工。

回转刀架除了采用液压缸驱动转位和定位销定位外,还可以采用电动机—马氏机构转位和鼠盘定位以及其他转位和定位机构。

## 2. 换主轴换刀

更换主轴换刀是带有旋转刀具的数控机床的一种比较简单的换刀方式。这种主轴头实际上就是一个转塔刀库,如图 2-45 所示。主轴头有卧式和立式两种,通常用转塔的转位来更换主轴头,以实现自动换刀。在转塔的各个主轴上,预先安装有各工序所需要的旋转刀具,当发出换刀指令时,各主轴头依次地转到加工位置并接通主运动,使相应的主轴带动刀具旋转。而其他处于不加工位置上的主轴都与主运动脱开。

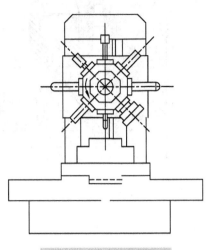

图 2-45 换主轴换刀

这种更换主轴换刀装置,省去了自动松、夹、卸刀、装刀以及刀具搬运等一系列的复杂操作,从而缩短了换刀时间,并提高了换刀的可靠性。但是由于空间位置的限制,使主轴部件结构尺寸不能太大,因而影响了主轴系统的刚性。为了保证主轴的刚性,必须限制主轴的数目,否则会使结构尺寸增大。因此,转塔主轴头通常只适用于工序较少、精度要求不太高的机床,如数控钻、铣床等。

## 3. 更换主轴箱换刀

有的数控机床像组合机床一样,采用多主轴箱,利用更换主轴箱达到换刀的目的,如图 2-46 所示。主轴箱库 8 吊挂着备用主轴箱 2～7。主轴箱两端的导轨上,装有同步运行的小车Ⅰ和Ⅱ,它们在主轴箱库与机床动力头之间运送主轴箱。

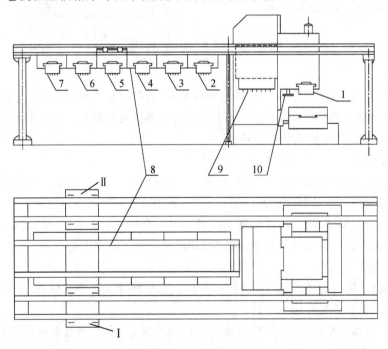

1—主轴箱 2～7—备用主轴箱 8—主轴箱库 9—刀库 10—机械手

图 2-46 更换主轴箱换刀

根据加工要求，先选好所需的主轴箱，待两小车运行至该主轴箱处时，将它推到小车Ⅰ上，小车Ⅰ载着主轴箱与小车Ⅱ同时运动到机床动力头两侧的更换位置。当上一道工序完成后，动力头带着主轴箱1上升到更换位置，夹紧机构将主轴箱1松开，定位销从定位孔中拔出，推杆机构将主轴箱1推到小车Ⅱ上，同时又将小车Ⅰ上的待用主轴箱推到机床动力头上，并进行定位夹紧。与此同时，两小车返回主轴箱库，停在下次待换的主轴箱旁的空位。也可通过机械手10在刀库9和主轴箱1之间进行刀具交换。这种换刀形式，对于加工箱体类零件，可以提高生产率。

4. 带刀库的自动换刀系统

此类换刀装置由刀库、选刀机构、刀具交换机构及刀具在主轴上的自动装卸机构等四部分组成，应用最广泛。

图2-47所示为刀库装在机床的工作台（或立柱）上的数控机床的外观图。

图2-48所示为刀库装在机床之外成为一个独立部件的数控机床的外观图。此时，刀库容量大，刀具可以较重，常常要附加运输装置来完成刀库与主轴之间刀具的运输。

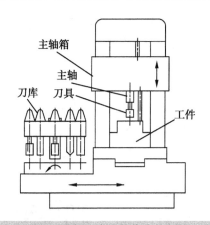

**图2-47 刀库与机床为整体式的数控机床**

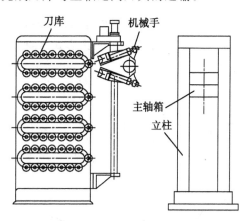

**图2-48 刀库与机床为分体式的数控机床**

带刀库的自动换刀系统，整个换刀过程比较复杂。首先要把加工过程中要用的全部刀具分别安装在标准的刀柄上，在机床外进行尺寸预调整后插入刀库中。换刀时根据选刀指令在刀库上选刀，由刀具交换装置从刀库和主轴上取出刀具，进行刀具交换，然后将新刀具装入主轴，最后将用过的刀放回刀库。

采用这种自动换刀系统需要增加刀具的自动夹紧、放松机构、刀库运动及定位机构，常常还需要有清洁刀柄及刀孔、刀座的装置，因而结构较复杂。其换刀过程动作多、换刀时间长。同时，影响换刀工作可靠性的因素也较多。

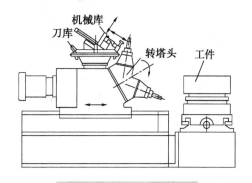

**图2-49 双主轴头换刀**

为了缩短换刀时间，可采用带刀库的双主轴或多主轴换刀系统，如图2-49所示。由图可知，当水平方向的主轴在加工位置时，待更换刀具的主轴处于换刀位置，由刀具交换装置预先换刀,待本工序加工完毕后,转塔头回转并交换主轴(即换刀)。这种换刀方式,换刀时间大部分和机加工时间重合,只需转塔头转位的时间,所以换刀时间短,转塔头上的主轴数目较少,有利于提高主轴的结构刚度,刀库上刀具数目也可增加,对多工序加工有利。但这种换刀方式难保证精镗加工所需要的主轴精度。因此,这种换刀方式主要用于钻床,也可以用于铣镗床和数控组合机床。

### 二、刀库的结构

1. 刀库的功能

在自动换刀装置中,刀库是最主要的部件之一。刀库是用来贮存加工刀具及辅助工具的地方。其容量、布局以及具体结构对数控机床的设计都有很大影响。

2. 刀库的形式

根据刀库的容量和取刀的方式,可以将刀库设计成各种形式。常见的形式有如下几种:

(1) 直线刀库。

刀具在刀库中是直线排列,如图 2-50(a)所示。其结构简单,刀库容量小,一般可容纳 8~12 把刀具,故较少使用。此形式多见于自动换刀数控车床,在数控钻床上也采用过此形式。

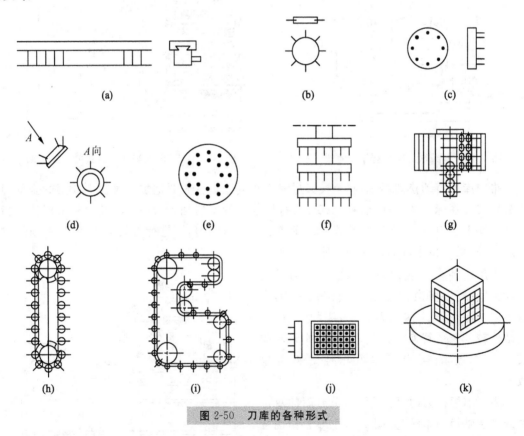

图 2-50 刀库的各种形式

(2) 圆盘刀具。

此形式贮存刀具少则 6~8 把,多则 50~60 把,其中有多种形式。

① 如图 2-50(b)所示的刀库中,刀具径向布局,占有较大空间,刀库位置受限制,一般置于机床立柱上端,其换刀时间较短,使整个换刀装置较简单。

② 如图 2-50(c)所示的刀库中,刀具轴向布局,常置于主轴侧面。刀库轴心线可垂直放置,也可以水平放置,此种形式使用较多。

③ 如图 2-50(d)所示的刀库中,刀具与刀库轴心线成一定角度(小于 90°)呈伞状布置,这可根据机床的总体布局要求安排刀库的位置,多斜放于立柱上端,刀库容量不宜过大。

上述三种圆盘刀库是较常用的形式,其存刀量最多为 50~60 把,存刀量过多,则结构尺寸庞大,与机床布局不协调。

为进一步扩大存刀量,有的机床使用多圈分布刀具的圆盘刀库,如图 2-50(e)所示;有的使用多层圆盘刀库,如图 2-50(f)所示;有的使用多排圆盘刀库,如图 2-50(g)所示。多排圆盘刀库每排 4 把刀,可整排更换。后三种刀库形式使用较少。

(3) 链式刀库。

链式刀库是较常用的形式。这种刀库刀座固定在环形链节上。常用的有单排链式刀库,如图 2-50(h)所示。这种刀库使用加长链条,让链条折叠回绕可提高空间利用率,进一步增加存刀量,如图 2-50(i)所示。链式刀库结构紧凑,刀库容量大,链环的形状可根据机床的布局制成各种形状。同时也可以将换刀位突出以便于换刀。在一定范围内,需要增加刀具数量时,可增加链条的长度,而不增加链轮直径。因此,链轮的圆周速度(链条线速度)可不增加,刀库运动惯量的增加可不予考虑。这些为系列刀库的设计与制造提供了很多方便。一般当刀具数量在 30~120 把时,多采用链式刀库。

(4) 其他刀库。

刀库的形式还有很多,值得一提的是格子箱式刀库。图 2-50(j)所示的为单面式,由于布局不灵活,通常将刀库安置在工作台上,应用较少。图 2-50(k)所示的为多面式,为减少换刀时间,换刀机械手通常利用前一把刀具加工工件的时间,预先取出要更换的刀具(所配数控系统应具备该项功能)。该刀库占地面积小,结构紧凑,在相同的空间内可以容纳的刀具数目较多。但由于它的选刀和取刀动作复杂,现已较少用于单机加工中心,多用于 FMS(柔性制造系统)的集中供刀系统。

3. 刀库的容量

刀库中的刀具并不是越多越好,太大的容量会增加刀库的尺寸和占地面积,使选刀时间增长。刀库的容量首先要考虑加工工艺的需要。根据以钻、铣为主的立式加工中心所需刀具数的统计,绘制出图 2-51 所示的曲线。曲线表明,用 10 把孔加工刀具可完成 70% 的钻削工艺,用 4 把铣刀可完成 90% 的铣削工艺。据此可以看出,用 14 把刀具就可以完成 70% 以上的钻铣加工。若是从完成对被加工工件的全部工序进行统计,得到的结果是,大部分(超过 80%)的工件完成全部加工过程只需 40 把刀具就够了。因此,从使用角度出发,刀库的容量一般取为 10~40 把,盲目地加大刀库容量,将会使刀库的利用率降低,结构过于复杂,造成很大浪费。

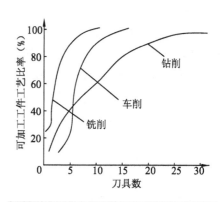

图 2-51 加工工件与刀具数量的关系

## 三、刀具系统及刀具选择

### 1. 刀具系统

数控机床所用的刀具,虽不是机床体的组成部分,但它是机床实现切削功能不可分割的部分。为了提高数控机床的利用率和生产效率,刀具是一个十分关键的因素,应选用适应高速切削的刀具材料和使用可转位刀片。为使刀具在机床上迅速地定位夹紧,数控机床普遍使用标准的刀具系统。数控车床、加工中心等带有自动换刀装置的机床所用的刀具,刀具与主轴连接部分和切削刀具部分都已标准化、系列化。我国在20世纪70年代制定了镗铣床用TSG刀具系统及刀柄标准(草案)。

TSG刀具系统的刀柄标准为直柄及7∶24锥度的锥柄两大类。直柄适用于圆柱形主轴孔,锥柄适用于圆锥形主轴孔。TSG刀具系统中还设计了各种锥柄接长杆和各种直柄长杆。

### 2. 刀具的选择方式

根据数控装置发出的换刀指令,刀具交换装置从刀库中将所需的刀具转换到取刀位置,称为自动选刀。自动选择刀具通常又有顺序选择和任意选择两种方式:

(1) 顺序选择刀具。

刀具的顺序选择方式是将刀具按加工工序的顺序依次放入刀库的每一个刀座内。每次换刀时,刀库按顺序转动一个刀座的位置,并取出所需要的刀具。已经使用过的刀具可以放回到原来的刀座内,也可以按顺序放入下一个刀座内。采用这种方式的刀库,不需要刀具识别装置,而且驱动控制也比较简单,可以直接由刀库的分度机构来实现。因此,刀具的顺序选择方式具有结构简单、工作可靠等优点。但由于刀库中刀具在不同的工序中不能重复使用,因而必须相应地增加刀具的数量和刀库的容量,这样就降低了刀具和刀库的利用率。此外,人工装刀操作必须十分谨慎,如果刀具在刀库中的顺序发生差错,将造成设备或质量事故。

(2) 任意选择刀具。

这种方式是根据程序指令的要求来选择所需要的刀具,采用任意选择方式的自动换刀系统中必须有刀具识别装置。刀具在刀库中不必按照工件的加工顺序排列,可任意存放。每把刀具(或刀座)都编有代码,自动换刀时,刀库旋转,每把刀具(或刀座)都经过"刀具识别装置"接受识别。当某把刀具的代码与数控指令的代码相符合时,该刀具就被选中,并将刀具送到换刀位置,等待机械手来抓取。

任意选择刀具法的优点是刀库中刀具的排列顺序与工件加工顺序无关,相同的刀具可重复使用。因此,刀具数量比顺序选择法的刀具可少一些,刀库也相应地小一些。

任意选择刀具法必须对刀具编码,以便识别。编码方式主要有三种:

① 刀具编码方式。

这种方式是采用特殊的刀柄结构进行编码。由于每把刀具都有自己的代码,因此可以存放于刀库的任一刀座中。这样刀库中的刀具在不同的工序中也就可重复使用,用过的刀具也不一定要放回原刀座中,这对装刀和选刀都十分有利,刀库的容量也可以相应地减少,而且还可避免由于刀具存放在刀库中的顺序差错而造成的事故。

刀具编码的具体结构如图2-52所示。在刀柄后端的拉杆上套装着等间隔的编码环,由锁紧螺母固定。编码环既可以是整体的,也可由圆环组装而成。编码环直径有大和小两种,大直径为二进制的"1",小直径为"0"。通过这两个圆环的不同排列,可以得到一系列代码。例如,由 6 个大小直径的圆环便可组成能区别 $63(2^6-1=63)$ 种刀具的编码。通常全部为 0 的代码不许使用,以避免与刀座中没有刀具的状况相混淆。为了便于操作者记忆和识别,也可采用二—八进制编码来表示。

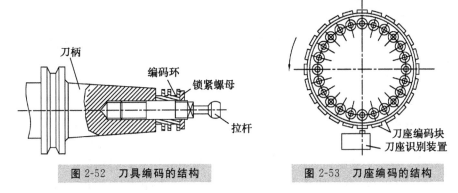

图 2-52 刀具编码的结构　　图 2-53 刀座编码的结构

② 刀座编码方式。

这种编码方式对刀库中的每个刀座都进行编码,刀具也编码,并将刀具放到与其号码相符的刀座中。换刀时刀库旋转,使各个刀座依次经过识刀器,直至找到规定的刀座,刀座便停止旋转。由于这种编号方式取消了刀柄中的编码环,使刀柄结构大为简化。因此,刀具识别装置的结构不受刀柄尺寸的限制,而且可以放在较适当的位置。另外,在自动换刀过程中,必须将用过的刀具放回原来的刀座中,增加了换刀动作。与顺序选择刀具的方式相比,刀座编码方式的突出特点是刀具在加工过程中可以重复使用。

图 2-53 所示为圆盘刀库的刀座编码装置,在圆盘的圆周上平均分布若干个刀座识别装置。刀座编码的识别原理与上述刀具编码原理完全相同。

编码附件方式可分为编码钥匙、编码卡片、编码杆和编码盘等,其中应用最多的是编码钥匙。这种方式是先给各刀具都缚上一把表示该刀具号的编码钥匙,当把各刀具存放到刀库中时,将编码钥匙插进刀座旁边的钥匙孔中,这样就把钥匙的号码转记到刀座中,给刀座编上了号码。识别装置可以通过识别钥匙上的号码来选取该钥匙旁边刀座中的刀具。

编码钥匙的形状如图 2-54 所示,图中钥匙的两边最多可带有 22 个方齿,图中除导向用的两个方齿外,共有 20 个凸出或凹下的位置,可区别 99 999 把刀具。

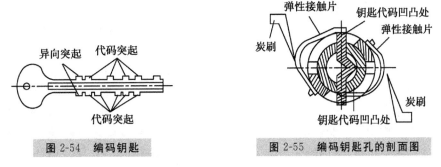

图 2-54 编码钥匙　　图 2-55 编码钥匙孔的剖面图

图 2-55 为编码钥匙孔的剖面图,图中钥匙沿着水平方向的钥匙缝插入钥匙孔座,然后

顺时针方向旋转 90°,处于钥匙代码突起的第一弹簧接触片被撑起,表示代码"1";处于代码凹处的第二弹簧接触片保持原状,表示代码"0"。由于钥匙上每个凸凹部分的旁边各有相应的炭刷,故可将钥匙各个凸凹部分识别出来,即识别出相应的刀具。

这种编码方式称为临时性编码,因为从刀座中取出刀具时,刀座中的编码钥匙也取出,刀座中原来的编码便随之消失。因此,这种方式具有更大的灵活性。采用这种编码方式时,用过的刀具必须放回原来的刀座中。

3. 刀具识别装置

刀具(刀座)识别装置是可任意选择刀具的自动换刀系统中的重要组成部分,常用的有以下两种:

(1) 接触式刀具识别装置。

接触式刀具识别装置的原理如图 2-56 所示。在刀柄上装有两种直径不同的编码环,规定大直径的环表示二进制的"1",小直径的环表示"0"。图中编码环有 5 个,在刀库附近固定一刀具识别装置,从中伸出几个触针,触针数量与刀柄上的编码环个数相等。每个触针与一个继电器相连。当编码环是大直径时与触针接触,继电器通电,其数码为"1"。当编码环是小直径时与触针不接触,继电器不通电,其数码为"0"。当各继电器输出的数码与所需刀具的编码一致时,由控制装置发出信号,使刀库停转,等待换刀。

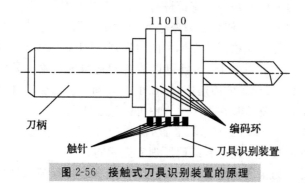

图 2-56 接触式刀具识别装置的原理

接触式刀具识别装置的结构简单,但由于触针有磨损,故其寿命较短,可靠性较差,且难于快速选刀。

(2) 非接触式刀具识别装置。

非接触式刀具识别装置没有机械直接接触,因而无磨损、无噪声、寿命长、反应速度快,适应于高速、换刀频繁的工作场合。常用的识别装置方法有磁性识别法和光电识别法。

① 非接触式磁性识别法。

磁性识别法是利用磁性材料和非磁性材料的磁感应强弱的不同,通过感应线圈读取代码。其编码环的直径相等,分别由导磁材料(如软钢)和非导磁材料(如黄铜、塑料等)制成,并规定前者编码为"1",后者编码为"0"。图 2-57 为非接触式磁性识别原理图。

图 2-57 所示为一种用于刀具编码的磁性识别装置。图中刀柄上装有非导磁材料编码环和导磁材料编码环,与编码环相对应的有一组检测线圈组成的非接触式识别装置。在检测线圈的一次线圈中输入交流电压时,若编码环为导磁材料,则磁感应较强,能在二次线圈中产生较大的感应电压;若编码环为非导磁材料,则磁感应较弱,在二次线圈中感应的电压就较弱。利用感应电压的强弱,就能识别刀具的号码。当编码的号码与指令刀号相符时,控

制电路便发出信号,使刀库停止运转,等待换刀。

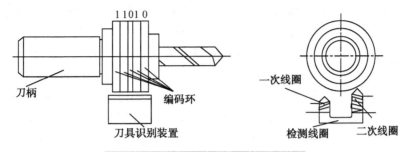

图 2-57 非接触式磁性识别原理图

② 非接触式光电识别法。

非接触式光电识别法是利用光导纤维良好的光传导特性,采用多束光导纤维构成阅读法。用靠近的两束光导纤维来阅读二进制编码的一位时,其中一束光导纤维将光源投到能反光或不能反光(被涂黑)的金属表面上,另一束光导纤维将反射光送至光电转换元件转换成电信号,以判断正对这两束光导纤维的金属表面有无反射光,有反射光时(表面光亮)为"1",无反射光时(表面涂黑)为"0",如图 2-58(b)所示。在刀具的某个磨光部位按二进制规律涂黑或不涂黑,就可给刀具编上号码。正当中的一小块反光部分用来发出同步增长信号。阅读头端面如图 2-58(a)所示,共用的

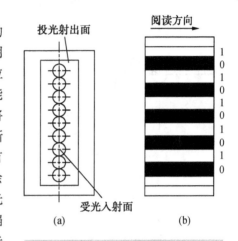

图 2-58 光导纤维刀具识别原理图

投光射出面为一矩形框,中间嵌进一排共 9 个圆形的受光入射面。当阅读头端面正对刀具编码部位、沿箭头方向相对运动时,在同步信号的作用下,可将刀具编码读入,并与给定的刀具号进行比较而选刀。

### 四、刀具交换装置

1. 刀具交换方式

数控机床的自动换刀装置中,实现刀库与机床主轴之间传递和装卸刀具的装置称为刀具交换装置。刀具的交换方式和它们的具体结构对机床的生产率和工作可靠性有着直接的影响。

刀具的交换方式有很多,一般可分为以下两大类:

(1) 无机械手换刀。

无机械手换刀是由刀库和机床主轴的相对运动实现的刀具交换。换刀时,必须首先将用过的刀具送回刀库,然后再从刀库中取出新刀具,这两个动作不可能同时进行,因此,换刀时间长。它的选刀和换刀由三个坐标轴的数控定位系统来完成,因此每交换一次刀具,工作台和主轴箱就必须沿着三个坐标轴做两次来回运动,因而增加了换刀时间。另外,将刀库置于工作台上减少了工作台的有效使用面积。

(2) 机械手换刀。

由于刀库及刀具交换方式的不同,换刀机械手也有多种形式。因为机械手换刀有很大的灵活性,而且还可以减少换刀时间,应用最为广泛。

在各种类型的机械手中,双臂机械手全面地体现了以上优点,图2-59所示为双臂机械手中最常见的几种结构形式。这几种机械手能够完成抓刀、拔刀、回转、插刀以及返回等全部动作。为了防止刀具掉落,各机械手的活动爪都必须带有自锁结构。图2-59(a)、(b)、(c)所示的双臂回转机械手的动作比较简单,而且能够同时抓取和装卸机床主轴和刀库中的刀具,因此换刀时间可以进一步缩短。图2-59(d)所示的双臂回转机械手,虽不是同时抓取主轴和刀库中的刀具,但是换刀准备时间及将刀具送回刀库的时间(图中实线所示位置)与机械加工时间重合,因而换刀(图中双点划线所示位置)时间较短。

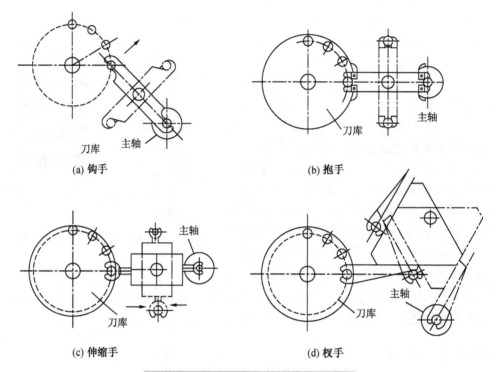

图 2-59 双臂机械手常见的结构形式

2. 机械手形式

在自动换刀数控机床中,机械手的形式也是多种多样,常见的有以下几种形式:

(1) 单臂单爪回转式机械手。

这种机械手的手臂可以回转不同的角度来进行自动换刀,其手臂上只有一个卡爪,不论在刀库上或是在主轴上,均靠这个卡爪来装刀及卸刀,因此换刀时间较长,如图2-60(a)所示。

(2) 单臂双爪回转式机械手。

这种机械手的手臂上有两个卡爪,两个卡爪有所分工。一个卡爪只执行从主轴上取下"旧刀"送回刀库的任务,另一个卡爪则执行由刀库取出"新刀"送到主轴的任务。其换刀时间较上述单爪回转式机械手要少,如图2-60(b)所示。

(3) 双臂回转式机械手。

这种机械手的两臂上各有一个卡爪,两个卡爪可同时抓取刀库及主轴上的刀具,回转180°后又同时将刀具放回刀库及装入主轴。这种机械手换刀时间较以上两种单臂机械手均短,是最常用的一种形式。图 2-60(c)所示的右边的机械手在抓取或将刀具送入刀库及主轴上时,两臂可伸缩。

(4) 双机械手。

这种机械手相当于两个单臂单爪机械手,它们互相配合进行自动换刀。其中一个机械手从主轴上取下"旧刀"送回刀库,另一个机械手从刀库中取出"新刀"装入机床主轴,如图 2-60(d)所示。

(5) 双臂往复交叉式机械手。

这种机械手的两手臂可以往复运动,并交叉成一定的角度。一个手臂从主轴上取下"旧刀"送回刀库,另一个手臂从刀库中取出"新刀"装入主轴。整个机械手可沿某导轨直线移动或绕某个转轴回转,以实现刀库与主轴间的运刀工作,如图 2-60(e)所示。

(6) 双臂端面夹紧式机械手。

这种机械手只是在夹紧部位上与前几种不同。前几种机械手均靠夹紧刀柄的外圆表面来抓取刀具,这种机械手则是靠夹紧刀柄的两个端面来抓取的,如图 2-60(f)所示。

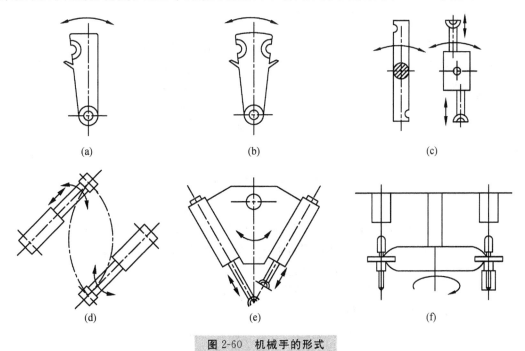

图 2-60　机械手的形式

3. 机械手夹持结构

在换刀过程中,由于机械手抓住刀柄要快速回转,要做拔、插刀具的动作,还要保证刀柄键槽的角度位置对准主轴上的驱动键,因此,机械手的夹持部分要十分可靠,并保证有适当的夹紧力,其活动爪要有锁紧装置,以防止刀具在换刀过程中转动脱落。机械手夹持刀具的方法有以下两种:

(1) 柄式夹持。

柄式夹持,也称轴向夹持或 V 形槽夹持。其刀柄前端有 V 形槽,供机械手夹持用,目前我国数控机床多采用这种夹持方式。机械手手掌结构示意图如图 2-61 所示。它由固定爪及活动爪组成,活动爪可绕轴回转,其一端在弹簧柱塞的作用下支靠在挡销上,调整螺钉以保持手掌适当的夹紧力,锁紧销使活动爪牢固地夹持刀柄,防止刀具在交换过程中松脱。锁紧销还可轴向移动,使活动爪放松,以便权刀从刀柄 V 形槽中退出。

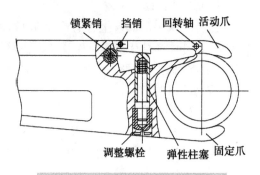

图 2-61 机械手手掌结构示意图

(2) 法兰盘式夹持。

法兰盘式夹持也称径向夹持或碟式夹持,如图 2-62 所示。刀柄的前端有供机械手夹持的法兰盘,如图 2-62(a)所示。图 2-62(c)的上图所示为机械手夹持松开状态,下图所示为机械手夹持夹紧状态。采用法兰盘式夹持的优点是:当采用中间搬运装置时,可以很方便地从一个机械手过渡到另一个辅助机械手,如图 2-62(d)所示。对于法兰盘式夹持方式,其换刀动作较多,不如柄式夹持方式应用广泛。

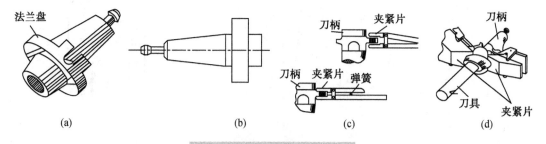

图 2-62 法兰盘夹持原理图

4. 自动换刀动作顺序

由于自动换刀装置的布局结构多种多样,其换刀过程动作顺序会不尽相同。下面分别以常见的双臂往复交叉式机械手和钩刀机械手为例用动作分图加以说明。

(1) 双臂往复交叉式机械手的换刀过程。

现按照图 2-63 所示的顺序逐一叙述换刀过程。

(a) 开始换刀前状态。主轴正用 T05 号刀具进行加工,装刀机械手已抓住下一工步需用的 T09 号刀具,机械手架处于最高位置,为换刀做好准备。

(b) 上一工步结束,机床立柱后退,主轴箱上升,使主轴处于换刀位置。接着下一工步开始,其第一个指令是换刀,机械手架回转 180°转向主轴。

(c) 卸刀机械手前伸,抓住主轴上已用过的 T05 号刀具。

(d) 机械手架由滑座带动,沿刀具轴线前移,将 T05 号刀具从主轴上拔出。

(e) 卸刀机械手缩回原位。

(f) 装刀机械手前伸,使 T09 号刀具对准主轴。

(g) 机械手架后移,将 T09 号刀具插入主轴。

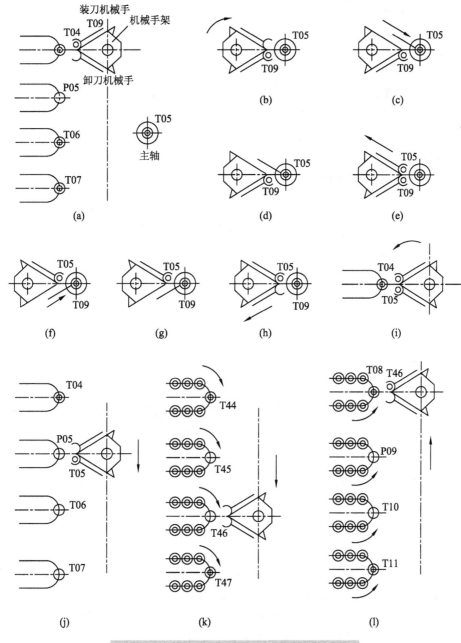

图 2-63 双臂往复交叉式机械手的换刀过程

(h) 装刀机械手缩回原位。

(i) 机械手架回转 180°,使装刀、卸刀机械手转向刀库。

(j) 机械手架由横梁带动下降,找第二排刀套链,卸刀机械手将 T05 号刀具插回 P05 号刀套中。

(k) 刀套链转动将下一个工步需用的 T46 号刀具送到换刀位置。机械手下降,找第三排刀链,由装刀机械手将 T46 号刀具取出。

(l) 刀套链反转,把 P09 号刀套送到换刀位置,同时机械手架上升至最高位置,为再下一工步的换刀做好准备。

(2) 钩刀机械手的换刀过程。

作为最常用的一种换刀形式,钩刀机械手换刀过程如图 2-64 所示,换刀一次所需的基本动作如下:

(a) 抓刀。手臂旋转 90°,同时抓住刀库和主轴上的刀具。

(b) 拔刀。主轴夹头松开刀具,机械手同时将刀库和主轴上的刀具拔出。

(c) 换刀。手臂旋转 180°,新旧刀具更换。

(d) 插刀。机械手同时将新旧刀具分别插入主轴和刀库,然后用主轴夹头夹紧刀具。

(e) 复位。转动手臂,回到原始位置。

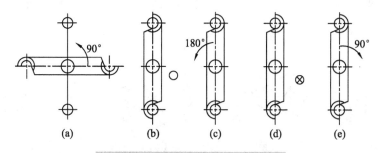

图 2-64　钩刀机械手的换刀过程

## 课题五　数控机床的辅助装置

**一、数控机床的液压和气压装置**

1. 定义

用压力油或加压空气作为传递能量的载体实现传动与控制。

2. 特点

① 液压传动装置机构输出力大,机械结构更紧凑,动作平稳可靠,易于调节,噪声较小,但要配置液压泵和油箱,且当油液渗漏时会污染环境。

② 气压装置结构简单,工作介质不污染环境,工作速度快,动作频率高,适合于完成频繁启动的辅助工作,过载时比较安全,不易发生过载损坏机件等事故。

3. 辅助作用

① 自动换刀所需的动作。

② 机床运动部件的平衡。

③ 机床运动部件的制动和离合器的控制,齿轮拨叉挂挡等。

④ 机床的润滑冷却。

⑤ 机床防护罩、板、门的自动开关。

⑥ 工作台的松开夹紧,交换工作台的自动交换动作。

⑦ 夹具的自动松开、夹紧。

⑧ 工件、工具定位面和交换工作台的自动吹屑、清理定位基面等。

4. 构成

(1) 动力装置。

动力装置是将原动机的机械能转换成传动介质压力能的装置。它是系统的动力能源，用以提供一定流量或一定压力的液体或压缩空气。常见的动力装置有液压泵、空气压缩机等。

(2) 执行装置。

执行装置用于连接工作部件，将工作介质的压力能转换为工作部件的机械能，常见的有进行直线运动的动力缸（包括液压缸和气缸）和进行回转运动的液压马达、气马达。

(3) 控制与调节装置。

控制与调节装置是指用于控制、调节系统中工作介质的压力、流量和流动方向，从而控制执行元件的作用力、运动速度和运动方向的装置，同时也可以用来卸载、实现过载保护等。按照功能的不同分为压力阀、流量阀、行程阀和逻辑元件等。

(4) 辅助装置。

辅助装置是指对工作介质起到容纳、净化、润滑、消声和实现元件之间连接等作用的装置，如油箱、管件、过滤器、分水过滤器、冷却器、油雾器、消声器等。它们对保护系统稳定、可靠地工作是不可缺少的。

(5) 传动介质。

传动介质是用来传递动力和运动的工作介质，即液压油或压缩空气，是能量的载体。

## 二、自动排屑装置

常见的排屑装置有平板链式排屑装置、刮板式排屑装置和螺旋式排屑装置。平板链式排屑装置如图 2-65 所示。

## 三、工件自动交换系统

1. 托盘交换装置

其作用是自动交换加工的托盘与托盘系统中备用的托盘，以提高交换工件的效率。

托盘系统一般都具有存储、运送功能，自动检测功能，工件、刀具归类功能，切削状态监视功能等。

图 2-65 平板链式排屑装置

2. 自动运输小车

由多台机床组成柔性生产线时，工件在它们之间通过有轨小车或无轨小车进行传送。

# 模块三

# 数控机床的电气系统

## 课题一 电气控制系统概述

### 一、数控机床电气控制系统概述

随着以大规模集成电路和微型计算机为代表的微电子技术的迅速发展,传统的机械工业技术已逐渐成为综合运用机械、微电子、自动控制、信息、传感测试、电力电子、接口、信号变换以及软件编程等技术的群体技术。在传统的机械加工设备已经不能满足现代工业制造需求的情况下,数控机床成为目前机械加工的主体,它在提高生产效率和产品质量,减轻操作人员的体力劳动等方面起到了极其重要的作用。数控机床集机械、液压、气动、伺服驱动、精密测量、电气自动控制、现代控制、计算机控制和网络通信等技术于一体,是一种高效率、高精度、能保证加工质量、解决工艺难题和具有柔性加工特点的生产设备,它正逐步取代普通机床。

数控(Numerical Control,NC)技术是用数字化信息进行控制的自动控制技术,现代数控系统又称为计算机数字控制(Computer Numerical Control,CNC)系统。采用数控技术控制的机床,或者说装备了数控系统的机床,称为数控机床。数控机床是机电一体化的典型产品。

电气控制技术对现代机床的发展有着非常重要的作用,从广义上说,现代机床电气控制技术的重要标志是将自动调节技术、电子技术、检测技术、计算机技术和综合控制技术应用于机床中。尽管现代机床的种类、功能和加工范围有所不同,但它们都离不开电气控制设备,离不开电气控制技术。电气控制装置的配备情况是现代机床自动化水平的重要标志。

### 二、数控机床电气控制系统的组成

数控机床电气控制系统由数控装置、进给伺服系统、主轴伺服系统、数控机床强电控制系统等组成,如图 3-1 所示。

# 模块三  数控机床的电气系统

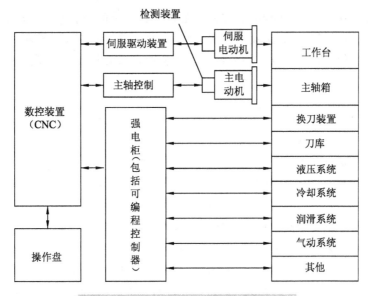

图 3-1  数控机床电气控制系统的组成

数控装置是数控机床电气控制系统的控制中心,它能够自动地对输入的数控加工程序进行处理,将数控加工程序信息按两类控制量分别输出:一类是连续控制量,送往伺服系统;另一类是离散的开关控制量,送往数控机床强电控制系统,从而协调控制数控机床各部分的运动,完成数控机床所有运动的控制。由图 3-1 可知,数控机床的控制任务是实现对主轴和进给系统的控制,同时还要完成相关辅助装置的控制;数控机床的电气控制系统就是用电气手段为机床提供动力,并实现上述控制任务的系统。从数控机床最终要完成的任务来看,主要有以下三个方面的内容:

1. 主轴运动

和普通机床一样,主轴运动主要是完成切削任务,其动力约占整台数控机床动力的 70%～80%,它主要是控制主轴的正转、反转和停止,可自动换挡及调速;对加工中心和切削中心还必须具有定向控制和主轴控制。

2. 进给运动

数控机床区别于普通机床最根本的地方在于它是用电气驱动替代机械驱动,并且数控机床的进给运动是由进给伺服系统完成的。进给伺服系统包括伺服驱动装置、伺服电动机、进给传动链及位置检测装置,如图 3-2 所示。

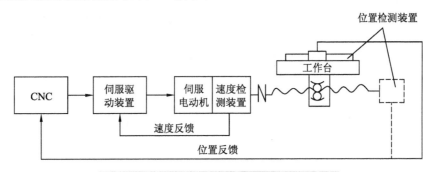

图 3-2  数控机床进给伺服系统工作原理图

伺服控制的最终目的是实现对数控机床工作台或刀具的位置控制,伺服系统中所采取的一切措施都是为了保证进给运动的位置精度,如对机械传动链进行预紧和间隙调整,采用高精度的位置检测装置,采用高性能的伺服驱动装置和伺服电动机,提高数控系统的运算速度等。

3. 强电控制

数控装置对加工程序处理后输出的控制信号除了对进给运动轨迹进行连续控制外,还对数控机床的各种状态进行控制,包括主轴的调速,主轴的正、反转及停止,冷却,润滑装置的启动和停止,刀具自动交换装置,工件夹紧和放松及分度工作台转位等。例如,通过数控机床程序的 M 指令、数控机床操作面板上的控制开关及分布在数控机床各部位的行程开关、接近开关、压力开关等输入元件的检测,由数控装置内的可编程控制器(PLC)进行逻辑运算,输出控制信号驱动中间继电器、接触器、熔断器、电磁阀及电磁制动器等输出元件,对冷却泵、润滑泵液压系统和气动系统等进行控制。

电源及保护电路由数控机床强电线路中的电源控制电路构成,强电线路由电源变压器、控制变压器、各种断路器、保护开关、接触器及熔断器等连接而成,以便为辅助交流电动机(如冷却泵电动机、润滑泵电动机等)、电磁铁、离合器及电磁阀等功率执行元件供电。强电线路不能与在低压下工作的控制电路直接连接,只有通过断路器、中间继电器等元件,转换成在直流低电压下工作的触点的开关动作,才能成为继电器逻辑电路和 PLC 可接收的电信号,反之亦然。

开关信号和代码信号是数控装置与外部传送的 I/O 控制信号。当数控机床不带 PLC 时,这些信号直接在数控装置和机床间传送;当数控装置带有 PLC 时,这些信号除极少数的高速信号外均通过 PLC 传送。

### 三、数控机床的控制方式

数控机床控制系统按控制方式分可以分为三类:开环控制系统、闭环控制系统和半闭环控制系统。

1. 开环控制系统

开环控制系统数控机床没有检测反馈装置,数控装置发出的指令信号流程是单向的,其精度主要取决于驱动元件和伺服电机的性能。开环数控机床所用的电动机主要是步进电动机,移动部件的速度与位移由输入脉冲的频率和脉冲数决定,位移精度主要取决于该系统各有关零部件的精度。

开环控制具有结构简单、系统稳定、容易调试、成本低廉等优点,但是系统对移动部件的误差没有补偿和校正,所以精度低,位置精度通常为 $\pm 0.01 \sim \pm 0.02$ mm,一般适用于经济型数控机床。图 3-3 所示为数控机床开环控制原理图。

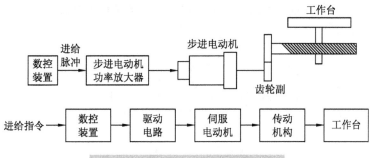

图 3-3 数控机床开环控制原理图

2. 闭环控制系统

闭环控制系统是指在机床的运动部件上安装位置测量装置(位置测量装置有光栅、感应同步器和磁栅等),如图 3-4 所示。加工中,位置测量装置将测量到的实际位置值反馈到数控装置中,与输入的指令位移相比较,用比较的差值控制移动部件,直到差值为零,即实现移动部件的最终精确定位。从理论上讲,闭环控制系统的控制精度主要取决于检测装置的精度,它完全可以消除由于传动部件制造中存在的误差而给工件加工带来的影响,所以这种控制系统可以得到很高的加工精度。闭环控制系统的设计和调整都有较大的难度,主要用于一些精度要求较高的镗、铣床,超精车床和加工中心等。

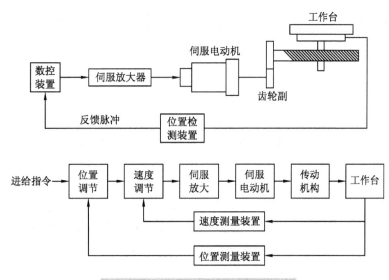

图 3-4 数控机床闭环控制原理图

3. 半闭环控制系统

半闭环控制系统在开环系统的丝杠上或进给电动机的轴上装有角位移检测装置(角位移检测装置有圆光栅、光电编码器及旋转式感应同步器等)。该系统不是直接测量工作台的位移量,而是通过检测丝杠转角间接地测量工作台的位移量,然后反馈给数控装置,如图 3-5 所示。这种控制系统实际控制的是丝杠的传动,而丝杠螺母副的传动误差无法测量,只能靠制造保证,因而半闭环控制系统的精度低于闭环系统。但由于角位移检测装置比直线位移检测装置结构简单,安装调试方便,因此,配有精密滚珠丝杠和齿轮的半闭环系统正在被广泛地采用。目前,已逐步将角位移检测装置和伺服电动机设计成一个部件,使系统变得更加简单,安装、调试更加方便。中档数控机床广泛采用半闭环控制系统。

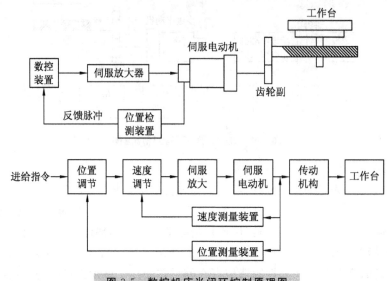

图 3-5　数控机床半闭环控制原理图

# 课题二　数控机床电气控制图的绘制与识读

**一、电气控制线路的绘制**

电气控制电路是用导线将电动机、电器、仪表等电器元件连接起来并实现某种要求的电路。为了设计、研究分析、安装维修时阅读方便,需要用统一的工程语言即用图的形式来表示,并在图上用不同的图形符号来表示各种电器元件,用不同的文字符号来表示图形符号所代表的电器元件的名称、用途、主要特征及编号等。按照电气设备和电器的工作顺序,详细表示电路、设备或装置的基本组成和连接关系的图形就是电气控制系统图。

常见的电气控制系统图主要有电气原理图、电器布置图和电器安装接线图三种。在绘制电气控制系统图时,必须采用国家统一规定的图形符号、文字符号和绘图方法。在机床电气控制原理分析中最常用的是电气原理图。

1. 电气控制系统图中的图形符号和文字符号

电气控制电路图是电气控制电路的通用语言。为了便于交流与沟通,绘制电气控制系统图时,所有电器元件的图形符号和文字符号必须符合国家标准。

近年来,随着经济的发展,我国从国外引进了大量的先进设备。为了掌握引进的先进技术和设备,加强国际交流和满足国际市场的需要,国家标准局参照国际电工委员会(IEC)颁布的相关文件颁布了一系列新的国家标准,主要有:GB/T 4728—2005/2008(电气简图用图形符号)、GB/T 6988.1—2006/2008(电气技术用文件的编制)、GB/T 5094.1—2002/2003/2005(工业系统、装置与设备以及工业产品结构原则与参照代号国家规定)。电气控制电路中的图形和文字符号必须符合最新的国家标准。

图形符号是用来表示一台设备或概念的图形、标记或字符。符号要素是一种具有确定意义的简单图形，必须同其他图形组合而构成一个设备或概念的完整符号。电动机主电路标号由文字符号和数字组成。文字符号用以标明主电路中的元件或电路的主要特征；数字标号用以区别电路不同线段。接触器主触点的符号也是由接触器的触点功能和常开触点符号组合而成的。三相交流电源引入线采用 L1、L2、L3 标号，电源开关之后的三相交流电源主电路分别标示 U、V、W。例如，U11 表示电动机的第一相的第一个接点代号，U21 表示第一相的第二个接点代号，依此类推。

控制电路的电路标号通常是由三位或三位以下的数字组成的。交流控制电路的标号主要表示以压降元件（如电器元件线圈）为分界，左侧用奇数标号，右侧用偶数标号。直流控制电路中正极按奇数标号，负极按偶数标号。

2. 电气原理图绘制

电气原理图也称为电路图，是根据电路的工作原理绘制的，它表示电流从电源到负载的传送情况和电器元件的动作原理、所有电器元件的导电部件和接线端子之间的相互关系。通过它可以很方便地研究和分析电气控制电路，了解控制系统的工作原理。电气原理图并不表示电器元件的实际安装位置、实际结构尺寸和实际配线方法的绘制，也不反映电器元件的实际大小。

(1) 电气原理图绘制的基本原则。

① 电气控制电路根据电路通过的电流大小可分为主电路和控制电路。主电路和控制电路应分别绘制。主电路包括从电源到电动机的电路，是强电流通过的部分，用粗实线绘制在图面的左侧或上部。控制电路是通过弱电流的电路，一般由按钮、电器元件的线圈、接触器的辅助触头、继电器的触头等组成，用细实线绘制在图面的右侧或下部。

② 电气原理图应按国家标准所规定的图形符号、文字符号和回路标号绘制。在图中各电器元件不画实际的外形图。

③ 各电器元件和部件在控制电路中的位置要根据便于阅读的原则安排。同一电器元件的各个部件可以不画在一起，但要用同一文字符号标出。若有多个同一种类的电器元件，可在文字符号后加上数字序号，如 KM1、KM2 等。

④ 在电气原理图中，控制电路的分支电路原则上应按照动作先后顺序排列，两线交叉连接时的电气连接点要用"实心圆"表示。无直接联系的交叉导线，交叉处不能用"实心圆"。表示需要测试和拆、接外部引出线的端子，应用"空心圆"表示。

⑤ 所有电器元件的图形符号必须按电器未接通电源和没有受外力作用时的状态绘制。触头动作的方向是：当图形符号垂直绘制时为从左向右，即在垂线左侧的触点为常开触点，在垂线右侧的触点为常闭触点；当图形符号水平绘制时应为从下往上，即在水平线下方为常开触点，在水平线上方为常闭触点。

⑥ 图中电器元件应按功能布置，一般按动作顺序从上到下、从左到右依次排列。垂直布置时，类似项目应横向对齐；水平布置时，类似项目应纵向对齐。所有的电动机图形符号应横向对齐。

⑦ 所有的按钮、触头均按没有外力作用和没有通电时的原始状态画出。

在电气原理图中，所有的电器元件的型号、用途、数量、文字符号和额定数据，用小号字体标注在其图形符号的旁边，也可填写在元件明细表中。

图 3-6 所示为某车床坐标图示法电气原理图。图中的电路根据电路中各部分电路的性质、作用和特点分为交流主电路、交流控制电路、交流辅助电路和直流控制电路四部分。采用这种方法分析电气电路图可一目了然。

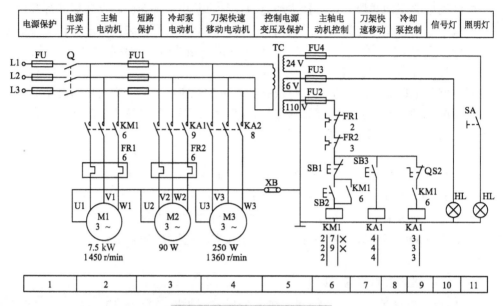

图 3-6　某车床电气原理图

(2) 图面区域的划分。

电气原理图下方的数字 1,2,3,… 是图区编号(图区编号也可以设置在图的上方),是为了便于检索电气线路、方便阅读分析、避免遗漏而设置的。

图区编号上方的"电源开关……"等字样,表明对应区域下方元件或电路的功能,使读者能清楚地知道某个元件或某部分电路的功能,以利于理解整个电路的工作原理。

(3) 符号位置的索引。

符号位置的索引用图号、页次和图区编号的组合索引法,索引代号的组成如图 3-7 所示。

图 3-7　符号位置的索引　　　　图 3-8　接触器 KM1 相应触点的位置索引

当某图仅有一页图样时,只写图号和图区的行、列号,在只有一个图号多页图样时,则图号可省略,而元件的相关触点只出现在一张图样上时,只标出图区号(无行号时,只写列号)。

电气原理图中,接触器和继电器线圈与触点的从属关系应用附图表示。即在原理图中相应线圈的下方,给出触点的图形符号,并在其下面注明相应触点的索引代号,对未使用的触点用"×"表明,有时也可采用省去触点图形符号的表示法。图 3-6 的图区 6 中 KM 的线圈下是接触器 KM1 相应触点的位置索引,如图 3-8 所示。

在接触器的位置索引中,左栏为主触点所在的图区号(三个触点都在图区 2),中栏为辅助常开触点(一个在图区 7 中,另一个在图区 9 中),右栏为辅助常闭触点(两个均没有使用)。

(4) 电气原理图中技术数据的标注。

电气元件的技术数据,除在电气元件明细表中标明外,也可用小号字体标注在其图形符号的旁边,如图 3-6 中主轴电动机 M1 的功率为 7.5 kW。

3. 电气元件布置图

电气元件布置图主要用来表明各种电气设备在机械设备和电气控制柜中的实际安装位置,为机械电气控制设备的制造、安装、维修提供必要的资料。各电气元件的安装位置是由机床的结构和工作要求决定的,如电动机要和被拖动的机械部件在一起,行程开关应放在要取得信号的地方,操作元件要放在操纵箱等操作方便的地方,一般元件应放在控制柜内。

机床电气元件布置主要由机床电气设备布置图、控制柜及控制板电气设备布置图、操作台及悬挂操纵箱电气设备布置图等组成。图 3-9 所示为某车床电气位置图。

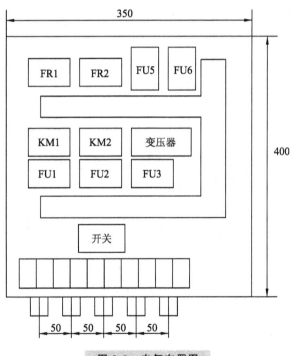

图 3-9 电气布置图

4. 电气安装接线图

电气安装接线图是按照各电器元件实际相对位置绘制的接线图,根据电气元件布置最合理和连接导线最经济来安排。它清楚地表明了各电气元件的相对位置和它们之间的电路连接,还为安装电气设备、电气元件之间进行配线及检修电气故障等提供了必要的依据。电气安装接线图中的文字符号、数字符号应与电气原理图中的符号一致,同一电气的各个部件应画在一起,各个部件的布置应尽可能符合这个电气的实际情况,对比例和尺寸应根据实际情况而定。

绘制安装接线图应遵循以下几点：

① 用规定的图形、文字符号绘制各电气元器件,元器件所占图面要按实际尺寸以统一比例绘制,应与实际安装位置一致,同一电气元器件各部件应画在一起。

② 一个元器件中所有的带电部件应画在一起,并用点划线框起来,采用集中表示法。

③ 各电气元器件的图形符号和文字符号必须与电气原理图一致,而且必须符合国家标准。

④ 绘制安装接线图时,走向相同的多根导线可用单线表示。

⑤ 绘制接线端子时,各电气元器件的文字符号及端子板的编号应与原理图一致,并按原理图的接线进行连接。各接线端子的编号必须与电气原理图上的导线编号相一致。

图 3-10 为笼型异步电动机正反转控制的安装接线图。

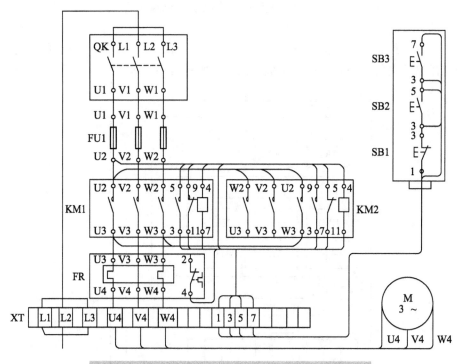

图 3-10　笼型异步电动机正反转控制的安装接线图

**二、分析电气原理图的方法与步骤**

电气控制电路一般由主回路、控制电路和辅助电路等部分组成。了解电气控制系统的总体结构、电动机和电气元器件的分布状况及控制要求等内容之后,便可以阅读和分析电气原理图。

1. 分析主回路

从主回路入手,要根据伺服电动机、辅助机构电动机和电磁阀等执行元器件的控制要求,分析它们的控制内容,控制内容包括启动、方向控制、调速和制动。

2. 分析控制电路

根据主回路中各伺服电动机、辅助机构电动机和电磁阀等执行元器件的控制要求,逐一找出控制电路中的控制环节,按功能不同划分成若干个局部控制线路来进行分析。分析控制电路的最基本方法是查线读图法。

3. 分析辅助电路

辅助电路包括电源显示、工作状态显示、照明和故障报警等部分,它们大多由控制电路中的元件来控制,所以在分析时还要对照控制电路进行分析。

4. 分析互锁与保护环节

机床对于安全性和可靠性有很高的要求,实现这些要求,除了合理地选择元器件和控制方案以外,在控制线路中还设置了一系列电气保护和必要的电气互锁。

5. 总体检查

经过"化整为零",逐步分析了每一个局部电路的工作原理以及各部分之间的控制关系之后,还必须用"集零为整"的方法,检查整个控制线路,看是否存在遗漏,特别要从整体的角度去进一步检查和理解各控制环节之间的联系,理解电路中每个元器件所起的作用。

### 三、某数控车床电气控制电路分析

电气控制设备主要器件见表3-1。

表3-1 某数控车床电气控制设备主要器件

| 序号 | 名称 | 规格 | 主要用途 | 备注 |
|---|---|---|---|---|
| 1 | 数控装置 | HNC-21TD | 控制系统 | |
| 2 | 软驱单元 | HFD-2001 | 数据交换 | |
| 3 | 控制变压器 | AC380/220 V 300 W /110 V 250 W /24 V 100 W | 伺服控制电源、开关电源供电<br>交流接触器电源<br>照明灯电源 | |
| 4 | 伺服变压器 | 3P AC380/220 V 2.5 kW | 伺服电源 | |
| 5 | 开关电源 | AC220/DCMV145 W | HNC-21TD、PLC及中间继电器电源 | |
| 6 | 伺服驱动器 | HSV-16D030 | $x$、$z$轴电动机伺服驱动器 | |
| 7 | 伺服电动机 | GK6062-6AC31-FE(7.5 N·m) | $x$轴进给电动机 | |
| 8 | 伺服电动机 | GK6063-6AC31-FE(11 N·m) | $z$轴进给电动机 | |

1. 机床的运动及控制要求

正如前述,某数控车床主轴的旋转运动由5.5 kW变频主轴电动机实现,与机械变速配合得到低速、中速和高速三段范围的无级变速。$z$轴、$x$轴的运动由交流伺服电动机带动滚珠丝杠实现,两轴的联动由数控系统控制。

加工螺纹由光电编码器与交流伺服电动机配合实现。除上述运动外,还有电动刀架的转位,冷却电动机的启、停等。

## 2. 主回路分析

图 3-11 是某数控车床电气控制中的 380 V 强电回路图。图 3-11 中 QF1 为电源总开关。QF3、QF2、QF4、QF5 分别为主轴强电、伺服强电、冷却电动机、刀架电动机的空气开关，它们的作用是接通电源及短路、过流时起保护作用。其中，QF4、QF5 带辅助触头，该触点输入到 PLC，作为 QF4、QF5 的状态信号，并且这两个空开的保护电流为可调的，可根据电动机的额定电流来调节空开的设定值，起到过流保护作用。KM3、KM1、KM6 分别为主轴电动机、伺服电动机、冷却电动机交流接触器，由它们的主触点控制相应电动机；KM4、KM5 为刀架正反转交流接触器，用于控制刀架的正反转。TC1 为三相伺服变压器，将交流 380 V 变为交流 200 V，供给伺服电源模块。RC1、RC3、RC4 为阻容吸收，当相应的电路断开后，吸收伺服电源模块、冷却电动机、刀架电动机中的能量，避免产生过电压而损坏器件。

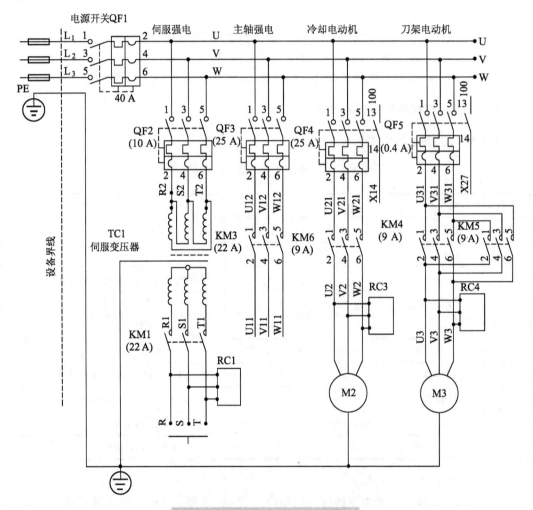

图 3-11 某数控机床强电回路图

## 3. 电源电路分析

图 3-12 为某数控车床电气控制中的电源回路图。图 3-12 中 TC2 为控制变压器，初级为 AC380 V，次级为 AC110 V、AC220 V、AC24 V，其中 AC110 V 给交流接触器线圈和强

电柜风扇提供电源;AC24 V给电柜门指示灯、工作灯提供电源;AC220 V通过低通滤波器滤波给伺服模块、电源模块、DC24 V电源提供电源;VCl为24 V电源,将AC220 V转换为DC24 V电源,给数控系统、PLC输入/输出、24 V继电器线圈、伺服模块、电源模块、吊挂风扇提供电源;QF6、QF7、QF8、QF9、QF10空气开关为电路的短路保护。

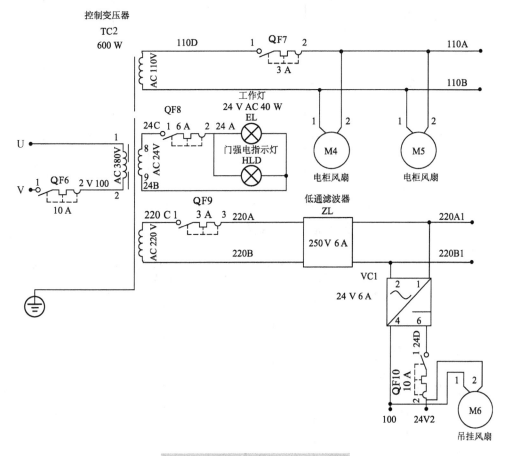

图 3-12 某数控机床电源回路图

4. 控制电路分析

(1) 主轴电动机的控制。

图 3-13、图 3-14 分别为某数控机床交流控制回路图和直流控制回路图。

先将图 3-11 所示回路中的 QF2、QF3 空气开关合上,在图 3-14 所示的回路中,当机床未压限位开关、伺服未报警、急停未压下、主轴未报警时,KA2、KA3 继电器线圈通电,继电器触点吸合,并且 PLC 输出点 Y00 发出伺服允许信号,KA1 继电器线圈通电,继电器触点吸合,在图 3-13 所示的回路中,KM1 交流接触器线圈通电,交流接触器触点吸合,KM3 主轴交流接触器线圈通电,在图 3-11 所示的回路中交流接触器主触点吸合,主轴变频器加上 AC380 V 电压;若有主轴正转或主轴反转及主轴转速指令(手动或自动),在图 3-14 所示的回路中,PLC 输出主轴正转 Y10 或主轴反转 Y11 有效,主轴转速指令输出对应于主轴转速的直流电压值(0~10 V)至主轴变频器上,主轴按指令值的转速正转或反转;当主轴速度到达指令值时,主轴变频器输出主轴速度到达信号给 PLC,主轴转动指令完成。

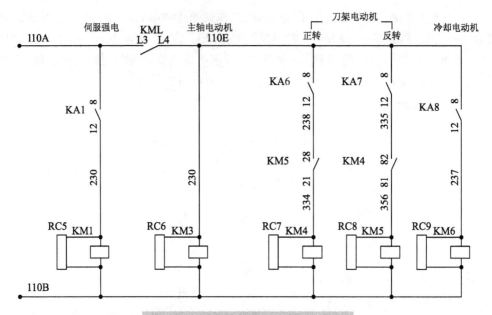

图 3-13 某数控机床交流控制回路图

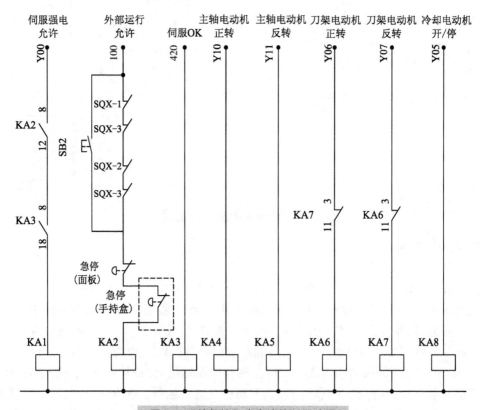

图 3-14 某数控机床直流控制回路图

主轴的启动时间、制动时间由主轴变频器内部参数设定。

(2) 刀架电动机的控制。

当有手动换刀或自动换刀指令时,经过系统处理转变为刀位信号,这时在图 3-14 所示的回路中,PLC 输出 Y06 有效,KA6 继电器线圈通电,继电器触点闭合,在图 3-13 所示的回路中,KM4 交流接触器线圈通电,交流接触器主触点吸合,刀架电动机正转;当 PLC 输入点检测到指令刀具所对应的刀位信号时,PLC 输出 Y06 有效撤销,刀架电动机正转停止;接着 PLC 输出 Y07 有效,KA7 继电器线圈通电,继电器触点闭合,在图 3-13 所示的回路中 KM5 交流接触器线圈通电,交流接触器主触点吸合,刀架电动机反转,延时一段时间后(该时间由参数设定,并根据现场情况作调整),PLC 输出 Y07 有效,KM5 交流接触器主触点断开,刀架电动机反转停止,换刀过程完成。为了防止电源短路和电气互锁,在刀架电动机正转继电器线圈、接触器线圈回路中串入了反转继电器、接触器常闭触点,反转继电器、接触器线圈回路中串入了正转继电器、接触器常闭触点,如图 3-13 和图 3-14 所示。请注意,刀架转位选刀只能一个方向转动,取刀架电动机正转。当刀架电动机反转时,刀架锁紧定位。

(3) 冷却电动机控制。

当有手动或自动冷却指令时,这时在图 3-14 所示的回路中 PLC 输出 Y05 有效,KA8 继电器线圈通电,继电器触点闭合,在图 3-13 所示的回路中 KM6 交流接触器线圈通电,交流接触器主触点吸合,冷却电动机旋转,带动冷却泵工作。

## 课题三　FANUC 系统连接

### 一、产品发展历史

FANUC 公司是全球著名的 CNC 生产厂家,其产品以高可靠性著称,其技术居世界领先地位。

FANUC 公司的主要产品生产与开发情况如下:

① 1956 年,开发了日本第 1 台点位控制的 NC。
② 1959 年,开发了日本第 1 台连续控制的 NC。
③ 1960 年,开发了日本第 1 台开环步进电机直接驱动的 NC。
④ 1966 年,采用集成电路的 NC 开发成功。
⑤ 1968 年,全世界首台计算机群控数控系统(DNC)开发成功。
⑥ 1977 年,开发了第一代闭环控制的 CNC 系列产品 FANUC5/7 与直流伺服电机。
⑦ 1979 年,开发了第二代闭环数控系统系列产品 FANUC6 系统。
⑧ 1982 年,开发了第二代闭环功能精简型数控系统 FANUC3 系统与交流伺服电机。
⑨ 1984 年,开发了第三代闭环数控系统 FANUC10/11/12,采用了光缆通信技术。
⑩ 1985 年,开发了第三代闭环功能精简型数控系统 FANUC 0 系统。
⑪ 1987 年,开发了 FANUC15 系列的 CNC。
⑫ 1995—1998 年,开始在 CNC 中应用 IT 网络与总线技术。
⑬ 2000 年,开发了 FANUC 0i MODEL A 数控系统。

⑭ 2002年,开发了FANUC 0i MODEL B数控系统。

⑮ 2003—2005年,相继开发了FANUC 30i/31i/32i系统与FANUC 0i MODEL C数控系统。

⑯ 2008年,在中国市场推出FANUC 0i MODEL D数控系统。

## 二、数控系统控制单元结构及连接

1. 数控系统结构与功能连接

图 3-15 所示为 FANUC 0i D/0i mate D 数控系统正面图。数控系统的正面分为四个部分:

① LCD 为系统显示设备。

② MDI 为手动输入设备。

③ 存储卡接口是系统与外部设备信息交换的接口。

④ 软键。软键按照用途可以给出多种功能,并在显示画面的最下方显示。左端的软键(◀)由软键输入各种功能时,为返回最初状态(按功能键时的状态)而使用;右端的软键(▶)用于还未显示的功能。

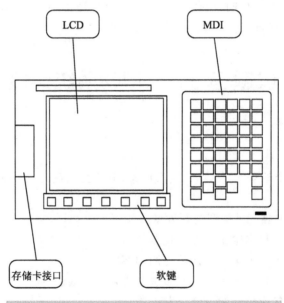

图 3-15  FANUC 0i D/0i mate D **数控系统正面图**

图 3-16 和图 3-17 所示为 FANUC 0i D/0i mate D 数控系统反面图,各接口的功能如图所示。

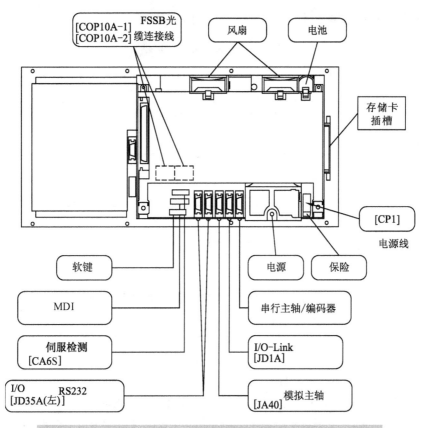

图 3-16 FANUC 0i D/0i mate D 数控系统反面及各接口的功能

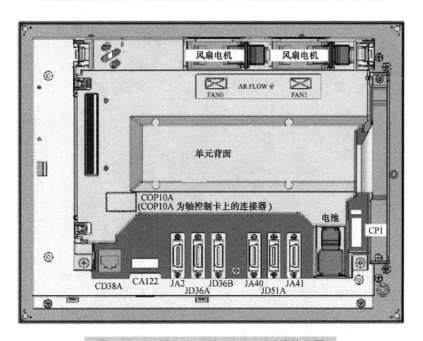

图 3-17 FANUC 0i D/0i mate D 系统接口图

系统各端子的功能如表 3-2 所示。

表 3-2 系统各端子的功能

| 端 口 号 | 用 途 |
|---|---|
| COP10A | 伺服 FSSB 总线接口,此口为光缆口 |
| CD38A | 以太网接口 |
| CA122 | 系统软键信号接口 |
| JA2 | 系统 MDI 键盘接口 |
| JD36A/JD36B | RS-232-C 串行接口 1/2 |
| JA40 | 模拟主轴信号接口/高速跳转信号接口 |
| JD51A | I/O Link 总线接口 |
| JA41 | 串行主轴接口(到驱动器 JA7B)/ 主轴独立编码器接口(模拟主轴) |
| CP1 | 系统电源输入(DC24 V) |

2. FANUC 伺服控制单元及 FSSB 总线连接

(1) FANUC 伺服系统的构成。

如果说 CNC 控制系统是数控机床的大脑和中枢,那么伺服和主轴驱动就是数控机床的四肢,他们是大脑的执行机构。FANUC 驱动部分从硬件结构上分,主要有以下四个组成部分:

① 轴卡:就是我们在介绍系统接口时,接光缆的那块 PCB 板,在现今的全数字伺服控制中,都已经将伺服控制的调节方式、数学模型甚至脉宽调制以软件的形式融入系统软件中,而硬件支撑采用专用的 CPU 或 DSP 等,这些部件最终集成在轴控制卡。轴卡的主要作用是控制速度与位置,如图 3-18 所示。

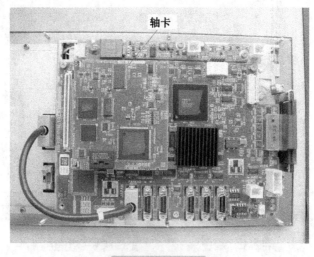

图 3-18 轴卡

② 放大器：接收轴卡（通过光缆）输入的光信号，将其转换为脉宽调制信号，经过前级发达驱动 IGBT 模块输出电机电流，如图 3-19 所示。

图 3-19 放大器

图 3-20 伺服电机

③ 电机：伺服电机或主轴电机，放大器输出的驱动电流产生旋转磁场，驱动转子旋转，如图 3-20 所示。

④ 反馈装置：由电机轴直连的脉冲编码器作为半闭环反馈装置，如图 3-21 所示。FANUC 早期的产品使用旋转变压器做半闭环位置反馈，测速发电机作为速度反馈，但今天这种结构已经被淘汰。

图 3-21 伺服电机编码器

①～④的相互关系是：轴卡接口 COP10A 输出脉宽调制指令，并通过 FSSB（Fanuc Serial Servo Bus）光缆与伺服放大器接口 COP10B 相连，伺服放大器整形放大后，通过动力线输出驱动电流到伺服电机，电机转动后，同轴的编码器将速度和位置反馈到 FSSB 总线上，最终回到轴卡上进行处理，如图 3-22 所示。

图 3-22 FSSB 连接示意图

（2）控制单元与伺服系统的连接（图 3-23）。

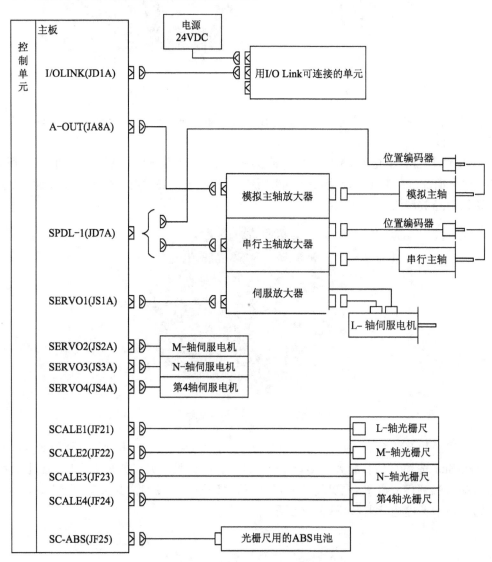

图 3-23 控制单元的连接原理图

(3) FANUC 伺服放大器与接口的含义与连接。

① 放大器的外形如图 3-24～图 3-27 所示。

图 3-24　αi(PSM-SPM-SVM3)放大器

图 3-25　βi-SVPM(一体形)放大器

图 3-26　SV20 型(βi 2、4、8 电机用)放大器

图 3-27　SVM-40、80(βi12、22 电机用)放大器

② FANUC 伺服放大器连接注意事项。

伺服放大器连接时,要按照说明书的要求进行连接。连接时,要特别注意以下两点：

(a) 伺服电机动力线是插头,用户要将插针连接到线上,然后将插针插到插座上,U、V、W 顺序不能接错,一般是红、白、黑的顺序,如图 3-28 所示。标记 XX、XY、YY 分别表示 1、2、3 轴。各轴不能互换。

(b) 放大器上可以安装绝对式编码器用电池(6 V)。用于保存各轴零点位置,对于 αi 电机,还要选择绝对编码器。对于 βi 电机,编码器都是绝对式,但电池盒需要另外购买。

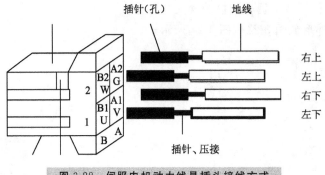

图 3-28 伺服电机动力线是插头接线方式

(3) αi 系列伺服的连接。

αi 系列伺服由 PSM(电源模块)、SPM(主轴放大器模块)、SVM(伺服放大器模块)三部分组成。FANUC 放大器连接如图 3-29 所示。

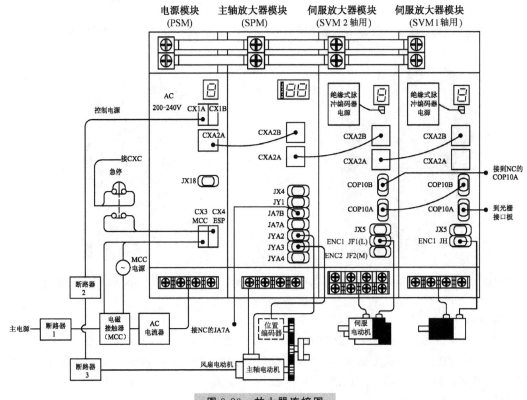

图 3-29 放大器连接图

αi 系列伺服的连接注意事项应注意以下几点:

① PSMi、SPMi、SVMi(伺服模块)之间的短接片(TB1)是连接主回路的直流 300 V 电压用的连接线,一定要拧紧。如果没有拧得足够紧,轻则产生报警,重则烧坏电源模块(PSMi)和主轴模块(SPMi)。同时,要特别注意 SPM 上的 JYA2 和 JYA3 一定不要接错,否则将烧毁接口。

② AC200 V 控制电源由上面的 CX1A 引入,和下面的 MCC/ESP(CX3/CX4)一定不

要接错接反，否则会烧坏电源板。

③ PSM 的控制电源输入端 CX1A 的 1,2 接 200 V 输入(下面为 1),3 为地线,而 CX3(MCC)和 CX4(ESP)的连接如图 3-30 所示。注意,CX3(MCC)一定不要接错。

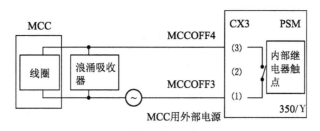

图 3-30　CX3(MCC)的连接

(4) αi 系列伺服模块的功能介绍。

① PSM(电源模块)：为主轴和伺服提供逆变直流电源的模块,3 相 200 V 输入经 PSM 处理后向直流母排输送 DC300 V 电压供主轴和伺服放大器使用。另外,PSM 模块还有输入保护电路,通过外部急停信号或内部继电器控制 MCC 主接触器,起到保护作用,如图 3-31 所示。

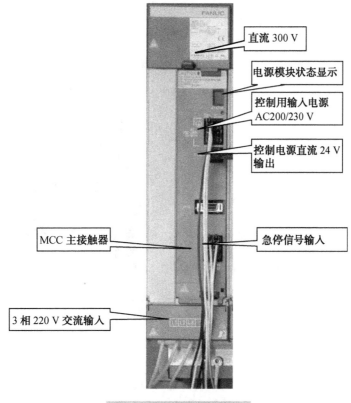

图 3-31　PSM 电源模块

② SPM(主轴放大器模块)：接收 CNC 数控系统发出的串行主轴指令,该指令格式是 FANUC 公司主轴产品通信协议,所以又被称为 FANUC 数字主轴,与其他公司产品不能兼容。该主轴放大器经过变频调速控制向 FANUC 主轴电机输出动力电。该放大器的 JY2

和 JY4 接口分别接收主轴速度反馈和主轴位置编码器信号，如图 3-32 所示。

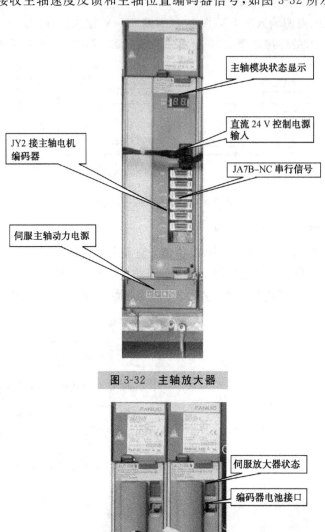

图 3-32　主轴放大器

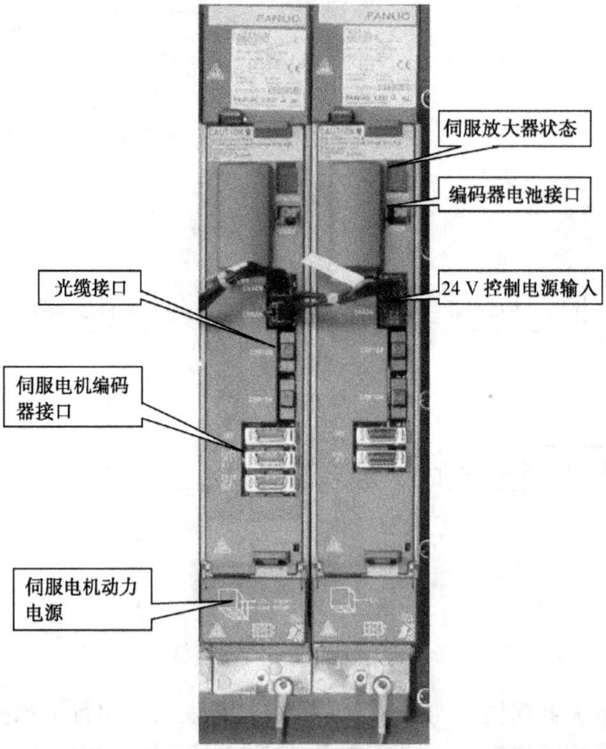

图 3-33　伺服放大器

③ SVM（伺服放大器模块）：接收通过 FSSB 输入的 CNC 轴控制指令，驱动伺服电机按照指令运转，同时通过 JF1、JF2 接口接收伺服电机编码器反馈信号，并将位置信息通过 FSSB 光缆再传输到 CNC 中，如图 3-33 所示。

④ SVM 伺服放大器的接口功能介绍（变频车）如表 3-3 所示。

表 3-3　SVM 伺服放大器的接口功能

| 接　口　表 | 说　　　明 |
|---|---|
| 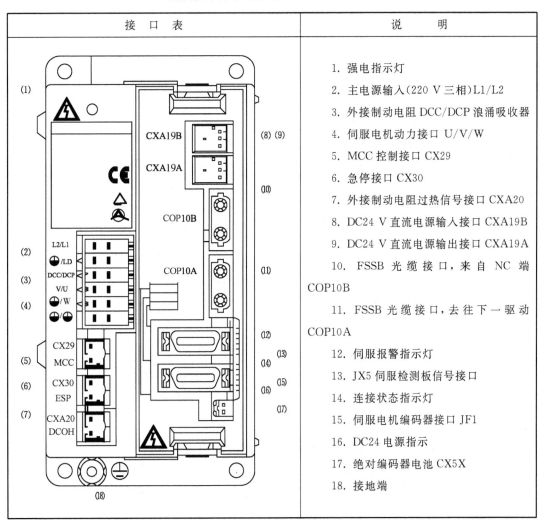 | 1. 强电指示灯<br>2. 主电源输入（220 V 三相）L1/L2<br>3. 外接制动电阻 DCC/DCP 浪涌吸收器<br>4. 伺服电机动力接口 U/V/W<br>5. MCC 控制接口 CX29<br>6. 急停接口 CX30<br>7. 外接制动电阻过热信号接口 CXA20<br>8. DC24 V 直流电源输入接口 CXA19B<br>9. DC24 V 直流电源输出接口 CXA19A<br>10. FSSB 光缆接口，来自 NC 端 COP10B<br>11. FSSB 光缆接口，去往下一驱动 COP10A<br>12. 伺服报警指示灯<br>13. JX5 伺服检测板信号接口<br>14. 连接状态指示灯<br>15. 伺服电机编码器接口 JF1<br>16. DC24 电源指示<br>17. 绝对编码器电池 CX5X<br>18. 接地端 |

⑤ SVPM 伺服放大器的接口功能介绍如表 3-4 所示。

表 3-4 SVPM 伺服放大器的接口功能

| 接口表(来自 B—65322 资料) | | | 说　　　明 |
|---|---|---|---|
| No. | Name | Remarks | |
| 1 | STATUS 1 | Status LED：spindle | 1. 主轴状态指示 |
| 2 | STATUS 2 | Status LED：servo | 2. 伺服状态指示 |
| 3 | CX3 | Main power MCC control signal | 3. MCC 端口 |
| 4 | CX4 | Emergency stop signal(ESP) | 4. 急停端口 |
| 5 | CXA2C | 24VDC power input | 5. 24 V 电源端口 |
| 6 | COP10B | Servo FSSB I/F | 6. FSSB 接口(接系统 COP10A) |
| 7 | CX5X | Absolute Pulsecoder battery | 7. 绝对编码器电池接口 |
| 8 | JF1 | Pulsecoder：Laxis | 8. 第一轴编码器接口 |
| 9 | JF2 | Pulsecoder：Maxis | 9. 第二轴编码器接口 |
| 10 | JF3 | Pulsecoder：Naxis | 10. 第三轴编码器接口 |
| 11 | JX6 | Power outage backup module | 11. 电力中断备份模块 |
| 12 | JY1 | Load meter, speedometer, analog override | 12. 负载表接口 |
| 13 | JA7B | Spindle interface input | 13. 主轴信号输入(与系统 JA41 接口连接) |
| 14 | JA7A | Spindle interface output | 14. 主轴信号输出(连下一个驱动器) |
| 15 | JYA2 | Spindle sensor Mi, MZi | 15. 主轴 Mi/MZi 编码器接口 |
| 16 | JYA3 | α position coder Extemal one-rotaion signal | 16. 主轴 α 位置编码器接口 |
| 17 | JYA4 | (Unused) | 17. 空接口 |
| 18 | TB3 | DC link terminal block | 18. 直流回路终端接口 |
| 19 | | DC link charge LED (Warning) | 19. 直流充电状态指示 |
| 20 | TB1 | Main power supply connection terminal board | 20. 动力电源输入 TB1 |
| 21 | CZ2L | Servo motor power line：L axis | 21. 第一轴动力电源接口(L) |
| 22 | CZ2M | Servo motor power line：M axis | 22. 第二轴动力电源接口(M) |
| 23 | CZ2N | Servo motor power line：N axis | 23. 第三轴动力电源接口(N) |
| 24 | TB2 | Spindle motor power line | 24. 主轴动力电源接口 TB2 |
| 25 | ⏚ | Tapped hole for grounding the flange | |

(5) FANUC 的 PMC 单元与 I/O Link 的连接。

FANUC PMC 是由内装 PMC 软件、接口电路和外围设备(接近开关、电磁阀、压力开关等)构成的。连接主控系统与从属 I/O 接口设备的电缆为高速串行电缆,被称为 I/O Link,它是 FANUC 专用 I/O 总线,如图 3-34 所示,工作原理与欧洲标准工业总线 Profibus 类似,但协议不一样。另外,通过 I/O Link 可以连接 FANUC β 系列伺服驱动模块,作为 I/O Link 轴使用。

# 模块三 数控机床的电气系统

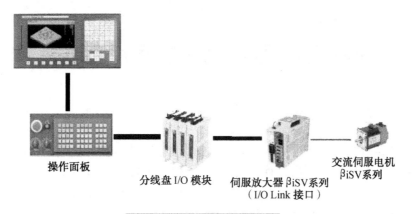

图 3-34 I/O Link 连接图

通过 RS232 或以太网,FANUC 系统可以连接 PC 机,对 PMC 接口状态进行在线诊断、编辑和修改梯形图。I/O Link 各接口功能如图 3-35 所示。

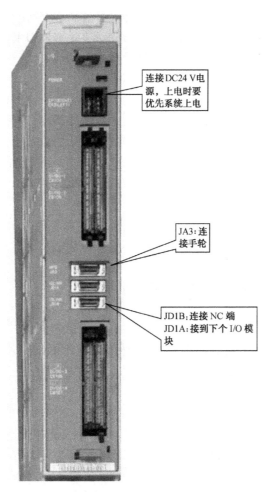

图 3-35 I/O Link 接口功能

# 课题四　数控机床位置检测装置

## 一、检测装置的作用与要求

位置检测装置是数控系统的重要组成部分。在闭环或半闭环控制的数控机床中，必须利用位置检测装置把机床运动部件的实际位移量随时检测出来，与给定的控制值（指令信号）进行比较，从而控制驱动元件正确运转，使工作台（或刀具）按规定的轨迹和坐标移动。

数控机床对检测装置有以下几点基本要求：

1. 稳定可靠、抗干扰能力强

在油污、潮湿、灰尘、冲击震动等恶劣环境下工作稳定，受环境温度影响小，能够抵抗较强的电磁干扰。

2. 满足精度和速度的要求

为保证数控机床的精度和效率，检测装置必须具有足够的精度和检测速度。目前，直线位移测量分辨率一般为 0.001～0.01 mm，测量精度可达±0.001～0.02 mm/m；回转角测量角位移分辨率为2″左右，测量精度可达到±10″/360°。

3. 安装维护方便、成本低廉

受机床结构和应用环境的限制，要求位置检测装置体积小巧，便于安装、调试。例如，旋转编码器、光栅尺、感应同步器等，都是数控机床比较常用的位置检测装置。

数控机床的加工精度，在很大程度上取决于数控机床位置检测装置的精度，因此，位置检测装置是数控机床的关键部件之一，它对于提高数控机床的加工精度有决定性的作用。

## 二、检测装置的分类

根据位置检测装置的安装形式和测量方式，数控机床的测量方式可分为以下几种方式：

1. 绝对式和增量式

按检测量的测量基准，可分为绝对式和增量式测量。

（1）绝对式位置检测。

每个被测点的位置都从一个固定的零点算起，对应的测量值以二进制编码数据形式输出。例如，接触式编码盘、光电式码盘等，对应码盘的每个角位都有一组二进制数据，这种检测装置分辨率越高，结构越复杂。

（2）增量式位置检测。

只测位移增量，每检测到位置移动一个基本单位时，就输出一个脉冲波或正弦波，通过脉冲计数便可得到位移量。例如，常用的增量式旋转编码器，每转过一个固定的角度，就输出一个脉冲，这种检测装置结构比较简单，但由于没有绝对零位，所以每次开机上电后都需要重新找零位。

2. 直接测量和间接测量

按被测量和所用检测元件的位置关系，可分为直接测量和间接测量。

若位置检测装置所测量的对象就是被测量本身，这种方法就叫做直接测量。例如，机床的直线位移直接采用直线型检测元件测量,其测量精度主要取决于测量元件的精度,不受机床传动精度的直接影响。采用安装在电动机或丝杠轴端的回转型检测元件间接测量机床直线位移的检测方法,叫做间接测量,其测量精度主要取决于测量元件及机床传动链的精度。

3. 直线型和回转型

根据运动形式,可以分为直线型和回转型,直线型位置检测装置主要用来检测运动部件的直线位移量,回转型位置检测装置主要用来检测回转部件的角位移量。

此外,还可以根据检测元件输出信号的不同,分为数字式和模拟式。数字式检测元件输出方波信号或二进制编码信号,模拟式检测元件输出正弦波信号或模拟电平信号。

### 三、检测装置的性能指标

位置检测装置安装在伺服驱动系统中,由于所测量的各种物理量是不断变化的,因此,传感器的测量输出必须能准确、快速地跟随并反映这些被测量的变化。位置检测装置的主要性能指标包括如下几项内容:

1. 精度

符合输出量与输入量之间特定函数关系的准确程度称为精度。数控机床用传感器要满足高精度和高速实时测量的要求。

2. 分辨率

位置检测装置能检测的最小位置变化量称为分辨率。分辨率应适应机床精度和伺服系统的要求。分辨率的高低对系统的性能和运行平稳性具有很大的影响,一般按机床加工精度的 $1/10 \sim 1/3$ 来选取检测装置的分辨率。

3. 灵敏度

输出信号的变化量相对于输入信号变化量的比值称为灵敏度。实时测量装置不但要灵敏度高,而且输出、输入关系中各点的灵敏度应该是一致的。

4. 迟滞

对某一输入量,传感器的正行程的输出量与反行程的输出量的不一致称为迟滞。数控伺服系统的传感器要求迟滞小。

5. 测量范围和量程

传感器的测量范围要满足系统的要求,并留有余地。

6. 零漂与温漂

零漂与温漂是指在输入量没有变化时,随时间和温度的变化,位置检测装置的输出量发生了变化。传感器的漂移量是其重要性能标志,零漂和温漂反映了随时间和温度的改变,传感器测量精度的微小变化。

### 四、旋转编码器

旋转编码器是一种旋转式的角位移检测装置,在数控机床中得到了广泛的使用。旋转编码器通常安装在被测轴上,随被测轴一起转动,直接将被测角位移转换成数字(脉冲)信号,所以也称为旋转脉冲编码器,这种测量方式没有累积误差。旋转编码器也可用来检测转速。按输出信号形式的不同,旋转编码器可以分为增量式和绝对式两种类型。

## 1. 增量式旋转编码器

常用的增量式旋转编码器为增量式光电编码器,其原理如图 3-36 所示。

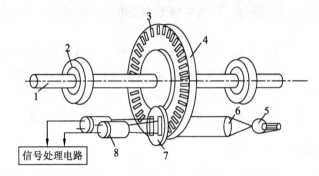

1—旋转轴　2—轴承　3—透光狭缝　4—光栅盘　5—光源　6—聚光镜　7—光栅板　8—光电管

图 3-36　增量式光电编码器示意原理图

增量式光电编码器检测装置由光源、聚光镜、光电盘、光栅板、光电管、信号处理电路等组成。光栅盘和光栅板用玻璃研磨、抛光制成,玻璃的表面在真空中镀一层不透明的铬,然后用照相腐蚀法,在光栅盘的边缘上开有间距相等的透光狭缝,在光栅板上制成两条狭缝,并在每条狭缝的后面对应安装一个光电管。

当光栅盘随被测工作轴一起转动时,每转过一个缝隙,光电管就会感受到一次光线的明暗变化,使光电管的电阻值改变,这样就把光线的明暗变化转变成了电信号的强弱变化,而这个电信号的强弱变化近似于正弦波信号,经过整形和放大等处理,变换成脉冲信号。通过计数器计量脉冲的数目,即可测定旋转运动的角位移;通过计量脉冲的频率,即可测定旋转运动的转速。测量结果可以通过数字显示装置进行显示或直接输入到数控系统中。

增量式光电编码器外形结构如图 3-37 所示。实际应用的光电编码器,光栅板上有两组

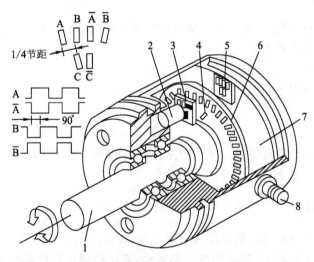

1—转轴　2—发光管　3—光栅板　4—零标志刻线
5—光电管　6—光栅盘　7—印刷电路板　8—电源及信号线插座

图 3-37　增量式光电编码器外形结构图

条纹 A、$\overline{\text{A}}$ 和 B、$\overline{\text{B}}$，A 组与 B 组的条纹彼此错开 1/4 节距，两组条纹相对应的光敏元件所产生的信号彼此相差 90°相位，以用于辨向。此外，在光电码盘的里圈里还有一条透光条纹 C（零标志刻线），用以每转产生一个脉冲，该脉冲信号又称零标志脉冲，作为测量基准。

光电编码器的输出波形如图 3-38 所示，通过光栅板两条狭缝的光信号 A 和 B，相位角相差 90°，通过光电管转换并经过信号的放大、整形后，成为两相方波信号。为了判断光电盘转动的方向，可采用图 3-39(a)所示的逻辑控制电路，将光电管 A、B 信号放大、整形后变成 a、b 两组方波。a 组分成两路：一路直接微分产生脉冲 d，另一路经反相后再微分得到脉冲 e。d、e 两路脉冲进入与门电路后分别输出正转脉冲 f 和反转脉冲 g。b 组方波作为与门的控制信号，使光电盘正转时 f 有脉冲输出，反转时 g 有脉冲输出，然后将正转脉冲和反转脉冲送入可逆计数器，经过数显便知道转角的大小和方向。

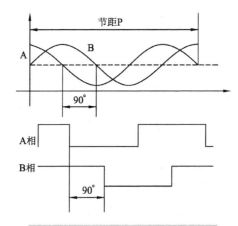

图 3-38　光电编码器的输出波形

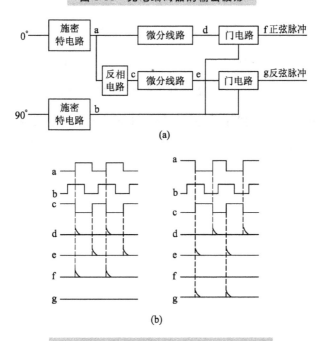

图 3-39　光电盘辨向环节逻辑图及波形

光电编码器的测量精度取决于它所能分辨的最小角度,而这与光栅盘圆周的条纹数有关,即分辨角为

$$\alpha = 360°/\text{条纹数}$$

例如,条纹数为 1 024,则分辨角 $\alpha = 360°/1\ 024 = 0.352°$。

在数控机床上,光电脉冲编码器常被用在数字比较的伺服系统中,作为位置检测装置,将检测信号反馈给数控装置。

光电脉冲编码器将位置检测信号反馈给 CNC 装置有两种方式:一种是适合于有加减计数要求的可逆计数器,形成加计数脉冲和减计数脉冲;另一种是适合于有计数控制和计数要求的计数器,形成方向控制信号和计数脉冲。

带加减计数要求的可逆计数器,形成加计数脉冲和减计数脉冲,如图 3-40 所示。

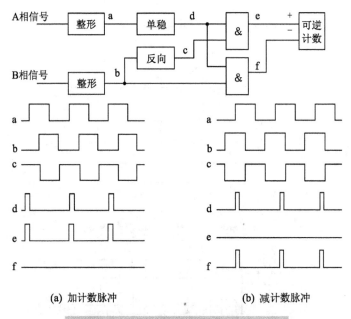

图 3-40 带加减计数要求的可逆计数器

有计数控制端和方向控制端的计数器,形成正走、反走计数脉冲和方向控制电平,如图 3-41 所示。

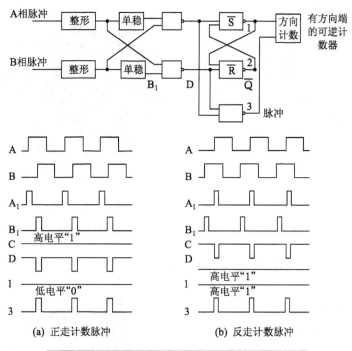

图 3-41 有计数控制端和方向控制端的计数器

2. 绝对式光电编码器

绝对式光电编码器,就是将码盘的每一个转角位置都直接用数码表示出来,且每一个角度位置均有对应的唯一测量代码,因此称为绝对码盘或编码盘,它是目前使用广泛的角位移检测装置。

(1) 接触式码盘。

图 3-42(a)所示为接触式码盘示意图,图 3-42(b)所示为 4 位 BCD 码盘。接触式码盘在一个不导电基体上做成许多金属区使其导电,其中涂黑部分为导电区,用"1"表示,其他部分为绝缘区,用"0"表示。这样,在每一个径向上都有由"1"、"0"组成的二进制代码。最里边的一圈是公用的,它和各码道所有导电部分连在一起,经电刷和电阻接电源正极。除公用圈以外,4 位 BCD 码盘的 4 圈码道上也都装有电刷,电刷经电阻接地,电刷布置如图 3-42(a)所示。由于码盘与被测转轴连在一起,而电刷位置是固定的,当码盘随被测轴一起转动时,电刷和码盘的位置发生相对变化,若电刷接触的是导电区域,则经电刷、码盘、电阻和电源形成回路,该回路中的电阻上有电流流过,为"1";反之,若电刷接触的是绝缘区域,则不能形成回路,电阻上无电流流过,为"0"。由此可根据电刷的位置得到由"1"、"0"组成的 4 位 BCD 码。通过图 3-42(b)可看出电刷位置与输出代码的对应关系。码道的圈数就是二进制的位数,且高位在内,低位在外。由此可以推断出,若是 $n$ 位二进制码盘,就有 $n$ 圈码道,且圆周均为 $2n$ 等分,即共有 $2n$ 个数据来分别表示其不同位置,所能分辨的角度 $\alpha = \dfrac{360°}{2n}$,分辨率为 $\dfrac{1}{2n}$。

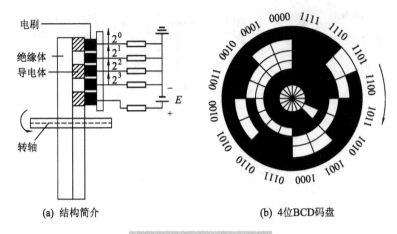

(a) 结构简介　　　　　　(b) 4位BCD码盘

图 3-42　接触式编码盘

显然，位数 $n$ 越大，所能分辨的角度越小，测量精度就越高。

(2) 绝对式光电编码器。

绝对式光电码盘与接触式码盘结构相似，只是其中的黑白区域不表示导电区和绝缘区，而是表示透光区或不透光区。

编码盘的一侧安装光源，另一侧安装一排径向排列的光电管，每个光电管对准一条码道。当光源产生的光线经透镜变成一束平行光线照射在码盘上时，如果是亮区，通过亮区的光线将被光电元件接收，并转变成电信号，输出的电信号为"1"；如果是暗区，光线不能被光电元件接收，输出的电信号为"0"。由于光电元件呈径向排列，数量与码道相对应，输出信号经过整形、放大、锁存及译码等电路进行信号处理后，输出的二进制代码即代表了码盘轴的对应位置，也即实现了角位移的绝对值测量。图 3-43 所示为 8 码道绝对式光电码盘示意图。

图 3-43　绝对式光电码盘示意图(1/4 圆)

### 五、旋转变压器

旋转变压器是一种常用的转角检测元件，由于它结构简单，工作可靠，且其精度能满足一般的检测要求，因此被广泛应用在数控机床上。

旋转变压器的结构和两相绕线式异步电动机的结构相似，可分为定子和转子两大部分。定子和转子的铁芯由铁镍软磁合金或硅钢薄板冲成的槽状芯片叠成。它们的绕组分别嵌入各自的槽状铁芯内。定子绕组通过固定在壳体上的接线柱直接引出。转子绕组有两种不同的引出方式。根据转子绕组两种不同的引出方式，旋转变压器分为有刷式和无刷式两种结构形式。

有刷式旋转变压器的转子绕组通过滑环和电刷直接引出，其特点是结构简单，体积小，但因电刷与滑环是机械滑动接触的，所以旋转变压器的可靠性差，寿命也较短。而无刷式旋转变压器却避免了上述缺陷,在此仅介绍无刷式旋转变压器。

1. 旋转变压器的结构和工作原理

旋转变压器又称为分解器,是一种控制用的微型旋转式的交流电动机。它是一种将机械转角变换成与该转角呈某一函数关系的电信号的间接测量装置。在结构上与两相线绕式异步电动机相似,由定子和转子组成。图 3-44 所示是一种无刷旋转变压器的结构,左边为分解器,右边为变压器。变压器的作用是将分解器转子绕组上的感应电动势传输出来,这样就省掉了电刷和滑环。分解器定子绕组为旋转变压器的原边,分解器转子绕组为旋转变压器的副边,励磁电压接到原边,励磁频率通常为 400 Hz、500 Hz、1 000 Hz、5 000 Hz。

旋转变压器结构简单,动作灵敏,对环境无特殊要求,维护方便,输出信号的幅度大,抗干扰性强,工作可靠。由于旋转变压器的上述特点,可完全替代光电编码器,被广泛应用在伺服控制系统、机器人系统、机械工具、汽车、电力、冶金、纺织、印刷、航空航天、船舶、兵器、电子、矿山、油田、水利、化工、轻工和建筑等领域的角度、位置检测系统中。

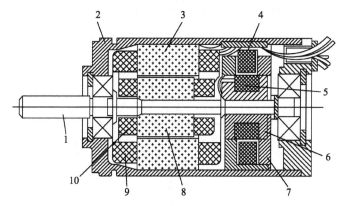

1—电动机轴　2—外壳　3—分解器定子　4—变压器定子绕组　5—变压器转子绕组
6—变压器转子　7—变压器定子　8—分解器转子　9—分解器定子绕组　10—分解器转子绕组

**图 3-44　无刷旋转变压器的结构图**

旋转变压器是根据互感原理工作的。它的结构设计与制造保证了定子与转子之间的空隙内的磁通分布呈正(余)弦规律。当定子绕组上加交流励磁电压(为交变电压,频率为 2~4 kHz)时,旋转变压器通过互感在转子绕组中产生感应电动势,如图 3-45 所示。其输出电压的大小取决于定子与转子两个绕组轴线在空间的相对位置 $\theta$ 角。两者平行时互感最大,副边的感应电动势也最大;两者垂直时互感为零,感应电动势也为零。感应电动势随着转子偏转的角度呈正(余)弦变化,故有:

$$U_2 = KU_1\cos\theta = KU_m\sin\omega t\sin\theta$$

式中:$U_2$ 为转子绕组感应电动势;$U_1$ 为定子的励磁电压;$U_m$ 为定子励磁电压的幅值;$\theta$ 为两绕组轴线之间的夹角;$K$ 为变压比,即两个绕组的匝数比 $N_1/N_2$。

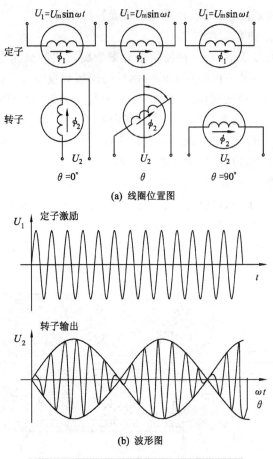

图 3-45 两级旋转变压器的工作原理

当转子转到与两磁轴平行,即 $\theta=90°$ 时,转子绕组中感应电动势最大,即:

$$U_2 = KU_m \sin\omega t$$

因此,旋转变压器转子绕组输出电压的幅值是严格地按转子偏转角口的正弦规律变化的,其频率和激磁电压的幅值相同。

2. 旋转变压器的应用

根据以上分析,测量旋转变压器二次绕组的感应电动势 $E$ 的幅值或相位的变化,可知位置的变化。如果将旋转变压器装在数控机床的丝杠上,如图 3-46 所示,当 $\theta$ 角从 0°变化到 360°时,表示丝杠上的螺母走了一个螺距,这样就间接地测量了丝杠的直线位移(螺距)的大小。在数控机床伺服系统中,旋转变压器往往用来测量机床主轴及伺服轴的运动等。测全长时,可加一只计数器,累计所走的螺距数,然后折算成位移总长度。为区别正反向,可再加一只相敏检波器。

另外,还可以用 3 个旋转变压器按 10∶1,100∶1 和 1 000∶1 的比例相互配合串接,组成精、中、粗 3 级旋转变压器测量装置。这样,如果转子直接与丝杠耦合(即"精"同步),精测的丝杠位移为 10 mm,则中测旋转变压器的工作范围为 100 mm,粗测旋转变压器的工作范围为 1 000 mm。为了使机床滑板按要求值到达一定位置,须用电气转换电路,在实际值不断接近要求值的过程中,使旋转变压器从粗转换到精,最后位置检测精度由精测旋转变压器决定。

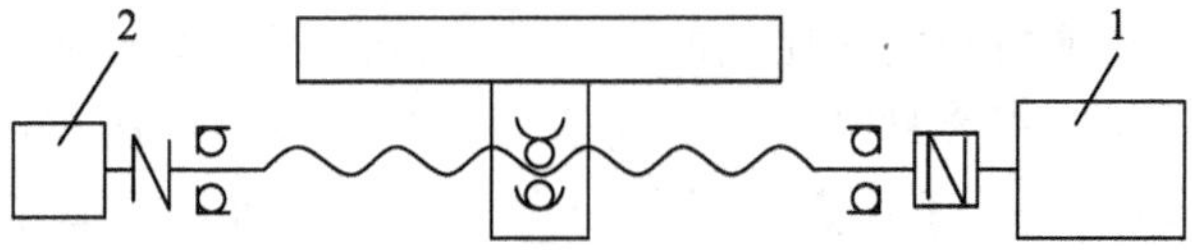

1—伺服电动机　2—旋转变压器

图 3-46　旋转变压器的应用

### 六、光栅测量装置

光栅分为物理光栅和计量光栅。物理光栅刻线细密，主要用于光谱分析和光波波长的测定。计量光栅，比较而言，刻线较粗，栅距较小，一般在 0.004～0.25 mm 之间，主要用于数字检测系统。光栅传感器为动态测量元件，按运动方式可分为长光栅和圆光栅。长光栅主要用来测量直线位移，圆光栅主要用来测量角度位移。根据光线在光栅中的运动路径，光栅传感器可分为透射光栅和反射光栅。一般光栅传感器都是做成增量式的，也可以做成绝对值式的。目前，光栅传感器主要应用在高精度数控机床的伺服系统中，其精度仅次于激光式测量。

光栅是利用光的透射、衍射现象制成的光电检测元件，它主要由光栅尺（包括标尺光栅和指示光栅）和光栅读数头两部分组成，如图 3-47 所示。通常，标尺光栅固定在机床的运动部件（如工作台或丝杠）上，光栅读数头安装在机床的固定部件（如机床底座）上，两者随着工作台的移动而相对移动。在光栅读数头中，安装了一个指示光栅，当光栅读数头相对于标尺光栅移动时，指示光栅便在标尺光栅上移动。在安装光栅时，要严格保证标尺光栅和指示光栅的平行度以及两者之间的间隙（一般取 0.05 mm 或 0.1 mm）要求。

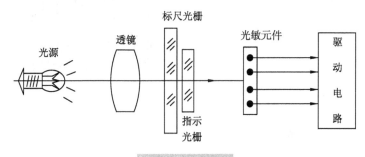

图 3-47　光栅

光栅尺是用真空镀膜的方法光刻上均匀密集线纹的透明玻璃片或长条形金属镜面。对于长光栅，这些线纹相互平行，各线纹之间的距离相等，称此距离为栅距。对于圆光栅，这些线纹是等栅距角的向心条纹。栅距和栅距角是决定光栅光学性质的基本参数。常见的长光栅的线纹密度为 25 条/mm、50 条/mm、100 条/mm、250 条/mm。对于圆光栅，若直径为 70 mm，一周内刻线达 100～768 条；若直径为 110 mm，一周内刻线达 600～1 024 条，甚至更高。同一个光栅元件，其标尺光栅和指示光栅的线纹密度必须相同。

光栅读数头由光源、透镜、指示光栅、光敏元件和驱动电路组成，如图 3-48(a)所示。读数头的光源一般采用白炽灯泡。白炽灯泡发出的辐射光线，经过透镜后变成平行光束，照射在光栅尺上。光敏元件是一种将光强信号转换为电信号的光电转换元件，它接收透过光栅尺的光强信号,并将其转换成与之成比例的电压信号。由于光敏元件产生的电压信号一般比较微弱,在长距离传送时很容易被各种干扰信号所淹没、覆盖,造成传送失真。为了保证光敏元件输出的信号在传送中不失真,应首先将该电压信号进行功率和电压放大,然后再进行传送。驱动电路就是实现对光敏元件输出信号进行功率和电压放大的电路。

如果将指示光栅在其自身的平面内转过一个很小的角度 $\beta$,这样两块光栅的刻线相交,当平行光线垂直照射标尺光栅时,则在相交区域出现明暗交替、间隔相等的粗大条纹,称为莫尔条纹。由于两块光栅的刻线密度相等,即栅距 $\lambda$ 相等,使产生的莫尔条纹的方向与光栅刻线方向大致垂直。其几何关系如图 3-48(b)所示。当 $\beta$ 很小时,莫尔条纹的节距为

$$p = \frac{\lambda}{\beta}$$

这表明,莫尔条纹的节距是栅距的 $1/\beta$ 倍。当标尺光栅移动时,莫尔条纹就沿与光栅移动方向垂直的方向移动。当光栅移动一个栅距 $\lambda$ 时,莫尔条纹就相应准确地移动一个节距,也就是说两者一一对应。因此,只要读出移过莫尔条纹的数目,就可知道光栅移过了多少个栅距。而栅距在制造光栅时是已知的,所以光栅的移动距离就可以通过光电检测系统对移过的莫尔条纹进行计数、处理后自动测量出来。

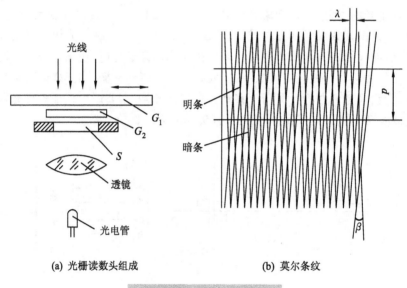

(a) 光栅读数头组成　　　　　　(b) 莫尔条纹

图 3-48　光栅的工作原理

如果光栅的刻线为 100 条,即栅距为 0.01 mm 时,人们是无法用肉眼来分辨的,但它的莫尔条纹清晰可见。所以莫尔条纹是一种简单的放大机构,其放大倍数取决于两光栅刻线的交角 $\beta$,如果 $\lambda=0.01$ mm,$p=5$ mm,则其放大倍数为 $1/\beta=p/\lambda=500$ 倍。这种放大特点是莫尔条纹系统独有的特性。莫尔条纹还具有平均误差的特性。

光栅测量系统的组成示意图如图 3-49 所示。光栅移动,莫尔条纹明暗交替变化,光强度分布近似余弦曲线,由光电元件变为同频率电压信号,经光栅位移数字变换电路放大、整形、微分输出脉冲。每产生一个脉冲,就代表移动了一个栅距,通过对脉冲计数便可得到工作台的移动距离。

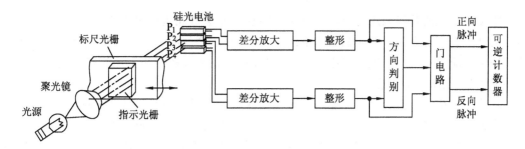

图 3-49  光栅测量系统组成示意图

### 七、直线式感应同步器

感应同步器是一种电磁式位置检测元件,按其结构特点一般分为直线式和旋转式两种。直线式感应同步器由定尺和滑尺组成,旋转式感应同步器由转子和定子组成。前者用于直线位移测量,后者用于角位移测量。它们的工作原理都与旋转变压器相似。感应同步器具有检测精度比较高、抗干扰性强、寿命长、维护方便、成本低、工艺性好等优点,广泛应用于数控机床及各类机床数显改造。本节仅以直线式感应同步器为例,对其结构特点和工作原理进行介绍。

1. 直线式感应同步器的结构和工作原理

直线式感应同步器用于直线位移的测量,其结构相当于一个展开的多级旋转变压器。它的主要部件包括定尺和滑尺,定尺安装在机床床身上,滑尺则安装于移动部件上,随工作台一起移动。两者平行放置,保持 0.2~0.3 mm 的间隙,如图 3-50 所示。

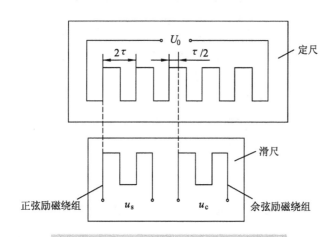

图 3-50  直线式感应同步器的结构示意图

标准的直线式感应同步器定尺长 250 mm,是单向、均匀、连续的感应绕组;滑尺长 100 mm,尺上有两组励磁绕组,一组叫正弦励磁绕组,另一组叫余弦励磁绕组,如图 3-50 所示。定尺和滑尺绕组的节距相同,用 $\tau$ 表示。当正弦励磁绕组与定尺绕组对齐时,余弦励磁绕组与定尺绕组相差 1/4 节距。由于定尺绕组是均匀的,故表示滑尺上的两个绕组在空间位置上相差 1/4 节距,即 $\pi/2$ 相位角。

定尺和滑尺的基板采用与机床床身材料的热膨胀系数相近的低碳钢,上面有用光学腐蚀方法制成的铜箔锯齿形的印刷电路绕组,铜箔与基板之间有一层极薄的绝缘层。在定尺的铜绕组上面涂一层耐腐蚀的绝缘层,以保护尺面。在滑尺的绕组上面用绝缘的黏结剂粘贴一层铝箔,以防静电感应。

直线式感应同步器的工作原理与旋转变压器的工作原理相似。当励磁绕组与感应绕组间发生相对位移时,由于电磁耦合的变化,感应绕组中的感应电压随位移的变化而变化,感应同步器和旋转变压器就是利用这个特点进行测量的。所不同的是,旋转变压器是定子、转子间的旋转位移,而直线式感应同步器是滑尺和定尺间的直线位移。

直线式感应同步器的工作原理图如图 3-51 所示,它说明了定尺感应电压与定尺、滑尺绕组的相对位置的关系。若向滑尺上的正弦绕组通以交流励磁电压,则在定子绕组中产生励磁电流,因而绕组周围产生了旋转磁场。这时,如果滑尺处于图中 A 点位置,即滑尺绕组与定尺绕组完全对应重合,则定尺上的感应电压最大。随着滑尺相对定尺做平行移动,感应电压逐渐减小。当滑尺移动至图中 B 点位置时,即与定尺绕组刚好错开 1/4 节距时,感应电压为零。再继续移至 1/2 节距处,即图中 C 点位置时,感应电压为最大的负值电压(即感应电压的幅值与 A 点相同但极性相反)。再移至 3/4 节距处,即图中 D 点位置时,感应电压又变为零。当移动到一个节距位置即图中 E 点时,又恢复初始状态,即与 A 点情况相同。显然,在定尺和滑尺的相对位移中,感应电压呈周期性变化,其波形为余弦函数。在滑尺移动一个节距的过程中,感应电压变化了一个余弦周期。

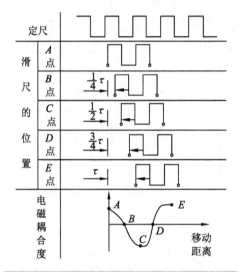

图 3-51 直线式感应同步器的工作原理图

同样,若在滑尺的余弦绕组中通以交流励磁电压,也能得出定尺绕组中感应电压与两尺相对位移的关系曲线,它们之间为正弦函数关系。

2. 直线式感应同步器的应用

根据励磁绕组中励磁供电方式的不同,直线式感应同步器可分为鉴相工作方式和鉴幅工作方式。鉴相工作方式即将正弦绕组和余弦绕组分别通以频率相同、幅值相同但相位相差 $\pi/2$ 的交流励磁电压;鉴幅工作方式则是将滑尺的正弦绕组和余弦绕组分别通以相位相同、频率相同但幅值不同的交流励磁电压。

(1) 鉴相方式。

在这种工作方式下,将滑尺的正弦绕组和余弦绕组分别通以幅值相同、频率相同、相位相差 90°的交流电压,即

$$U_s = U_m \sin\omega t, \quad U_c = U_m \cos\omega t$$

励磁信号将在空间产生一个以频率 $\omega$ 移动的行波。磁场切割定尺导片,并在其中感应出电势,该电势随着定尺与滑尺相对位置的不同而产生超前或滞后的相位差 $\theta$。按照叠加原理可以直接求出感应电势

$$U_0 = KU_m \sin\omega t \cos\theta - KU_m \cos\omega t \sin\theta = KU_m \sin(\omega t - \theta)$$

在一个节距内,$\theta$ 与滑尺移动距离是一一对应的,通过测量定尺感应电势相位 $\theta$,便可测出定尺相对滑尺的位移。

(2) 鉴幅方式。

在这种工作方式下,将滑尺的正弦绕组和余弦绕组分别通以频率相同、相位相同但幅值不同的交流电压,即

$$U_s = U_m \sin\alpha_1 \sin\omega t, \quad U_c = U_m \cos\alpha_1 \sin\omega t$$

式中的 $\alpha_1$ 相当于前式中的 $\theta$。此时,如果滑尺相对定尺移动一个距离 $d$,其对应的相移为 $\alpha_2$,那么,在定尺上的感应电势为

$$U_0 = KU_m \sin\alpha_1 \sin\omega t \cos\alpha_2 - KU_m \cos\alpha_1 \cos\omega t \sin\alpha_2 = KU_m \sin(\alpha_1 - \alpha_2)$$

由上式可知,若电气角 $\alpha_1$ 已知,则只要测出 $U_0$ 的幅值 $KU_m \sin(\alpha_1 - \alpha_2)$,便可间接地求出 $\alpha_2$。

直线式感应同步器直接对机床进行位移检测,无中间环节影响,所以精度高;其绕组在每个周期内的任何时间都可以给出仅与绝对位置相对应的单值电压信号,不受干扰的影响,所以工作可靠,抗干扰性强;定尺与滑尺之间无接触磨损,安装简单,维修方便,寿命长;通过拼接方法,可以增大测量距离的长度;其成本低,工艺性好。正因为其具有如此之多的优点,直线式感应同步器在实践中应用非常广泛。

# 模块四

# 数控机床 PMC 控制

## 课题一  PMC 基础知识

### 一、顺序程序的概念

顺序程序是指对机床及相关设备进行逻辑控制的程序。

1. PMC 的工作原理

在将程序转换成某种格式(机器语言)后,CPU 即对其进行译码和运算处理,并将结果存储在 RAM 和 ROM 中。CPU 高速读出存储在存储器中的每条指令,通过算数运算来执行程序,如图 4-1 所示。

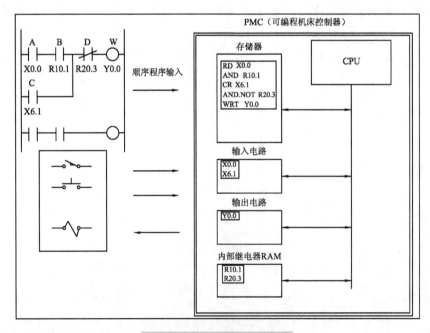

图 4-1  PMC 的工作原理

2. 顺序程序和继电器电路的区别

如图 4-2 所示,继电器回路(A)和(B)的动作相同。接通 A(按钮开关)后线圈 B 和 C 中有电流通过,C 接通后 B 断开。

PMC 程序 A 中,和继电器回路一样,A 接通后 B、C 接通,经过一个扫描周期后 B 关断。但在 B 中,A(按钮开关)接通后 C 接通,但 B 并不接通。

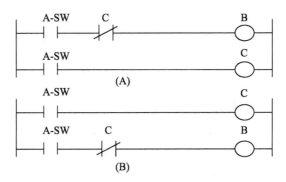

图 4-2　PMC 的顺序扫描原理

3. PMC 的程序结构

对于 FANUC 的 PMC 来说,其程序结构如下:

第一级程序—第二级程序—第三级程序(视 PMC 的种类不同而定)—子程序—结束,如图 4-3 所示。

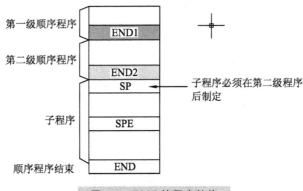

图 4-3　PMC 的程序结构

4. PMC 的执行周期及信号处理

在 PMC 执行扫描过程中第一级程序每 8 ms 执行一次,而第二级程序在向 CNC 的调试 RAM 中传送时,第二级程序根据程序的长短被自动分割成 $n$ 等分,每 8 ms 中扫描完第一级程序后,再依次扫描第二级程序,所以整个 PMC 的执行周期为 $n*8$ ms,如图 4-4 所示。因此,如果第一级程序过长导致每 8 ms 扫描的第二级程序过少的话,则相对于第二级 PMC 所分隔的数量 $n$ 就多,整个扫描周期相应延长。而子程序位于第二级程序之后,其是否执行扫描受第一、二级程序的控制,所以对一些控制较复杂的 PMC 程序,建议用子程序来编写,以减少 PMC 的扫描周期。

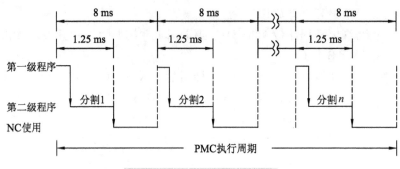

图 4-4 PMC 的扫描周期

输入、输出信号的处理如图 4-5 所示。

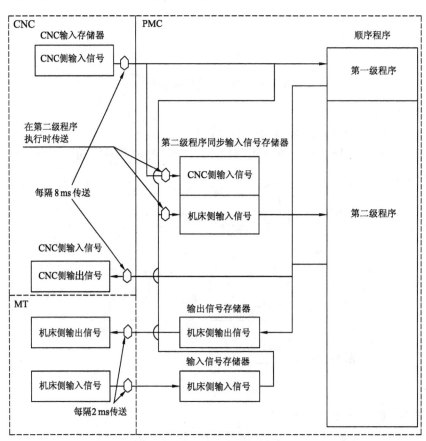

图 4-5 PMC 的信号处理

（1）一级程序对于信号的处理。

由图 4-5 可以看出，在 CNC 内部的输入和输出信号经过其内部的输入、输出存储器每 8 ms 由第一级程序直接读取和输出。而对于外部的输入、输出，经过 PMC 内部的机床侧输入、输出存储器每 2 ms 由第一级程序直接读取和输出。

（2）二级程序对于信号的处理。

第二级程序所读取的内部和机床侧的信号还需要经过第二级程序同步输入信号存储器

锁存。在第二级程序执行过程中其内部的输入信号是不变化的。输出信号的输出周期取决于二级程序的执行周期。

所以由图 4-5 可以看出第一级程序对于输入信号的读取和相应的输入信号存储器中信号的状态是同步的,而输出是以 8 ms 为周期进行输出的。第二级程序对于输入信号的读取因为同步输入寄存器的使用而可能产生滞后,而输出则由整个二级程序的长短来取定执行周期。所以第一级程序称为高速处理区。

### 二、PMC 信号分析

**1. PMC 的信号通信**

X 为机床到 PMC 的输入信号,地址有固定和设定两种,对应面板按钮以及各种开关等。

Y 为 PMC 给机床的输出信号,地址同样有固定和设定两种,通常输出控制小继电器,再去控制大接触器、控制电机或各种电磁阀。

F 为 CNC 到 PMC 的信号,主要包括各种功能代码 M、S、T 的信息(即 M 表示辅助功能,S 表示转速功能,T 表示选刀功能)、手动/自动方式及各种使能信息,每种含义都是固定的。

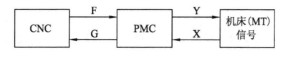

图 4-6 FANUC 系统信号通信图

F 指令是 FANUC 公司都定义好的,我们只能使用,不能赋值,不能当线圈用,只能是触点。例如,当读到编写加工程序中 M 代码时 S500 M03,CNC 会发出 F7.0 为 1 信号,M 功能选通信号。所以我们只能使用 F7.0 的状态,不能用梯形图使 F7.0 为 1 或 0,如图 4-7、图 4-8 所示。

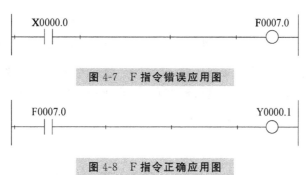

图 4-7 F 指令错误应用图

图 4-8 F 指令正确应用图

G 为 PLC 到 CNC 侧的信号,主要包括 M、S、T 功能的应答信号和各坐标轴对应的机床参考点等。

G 代码地址是固定的,是 FANUC 公司定义好的,但是与 F 信号不同的是可以在梯形图中当线圈使用,当然更可以当触点用,如图 4-9 所示为主轴急停图。

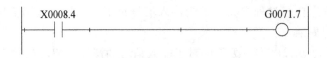

图 4-9 主轴急停程序图

作为初学者一定要搞清加工程序中 G 代表插补指令,F 代表进给速度,而在梯形图中,G、F 分别代表 PLC 和 CNC 之间的控制信号。若遇到 F 信号触点不闭合,只能考虑条件不满足导致 CNC 没有应答信号,不要试图强制导通它。

2. PMC 信号的逻辑关系

(1) 正负逻辑问题。

正逻辑,高电平有效,低电平无效;负逻辑,高电平无效,低电平有效。

在 FANUC 系统中,负逻辑信号前面带有 *,如急停信号 *ESP,前面的"*"表示低电平有效,其地址为 G8.4,当 G8.4 为 0 时,急停命令有效,机床处于急停状态。换言之,要使机床处于正常状态,必须使 G8.4 为 1,其对应线圈应吸合。

一个信号有两种表达方式:符号和地址。符号有助于理解信号的意义,通常是用英文简写信号的含义。例如,G8.4 是地址,*ESP 是符号。

(2) 输入与输出连接。

X 输入信号用 ⊣⊢ 表示常开点,⊣/⊢ 表示常闭点。24 V 电源通过常开或常闭开关输入 PLC,如图 4-10 所示。用高亮度或粉红色表示信号接通,用暗色或灰色表示信号关断。

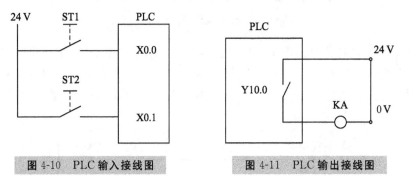

图 4-10 PLC 输入接线图　　图 4-11 PLC 输出接线图

输出 Y 信号,当某个输出信号接通时,输出一个触点闭合信号,如图 4-11 所示。

梯形图中 Y10.0 闭合,呈高亮度或粉红色,其提供一个触点信号,Y10.0 触点闭合,外部线圈 KA 吸合。

3. 输入/输出电源及地址分配

(1) 输入/输出电源。

FANUC 系统输入/输出型号信号电源一般为直流 24 V,I/O Link 模块有单独的电源供电,电源接口部分常称为 CPD1,I/O Link 出故障首先要注意供电是否正常,内部保险是否烧毁。

内部 I/O 模块 X 输入信号电源由外部提供,一般通过 I/O 板上的保险提供给标有"24 V"的引脚,所有 X 信号从此引脚得电。

内部 I/O 模块 Y 输出信号电源一般由 DOCOM 脚提供,需要将外部 24 V 电源提供给 DOCOM 脚,再由 DOCOM 分配给各个触点,然后输出给继电器或电磁阀。

(2) PMC 地址分配。

PMC 地址分配如表 4-1 所示。

表 4-1 PMC 地址分配表

| 字符 | 符号种类 | 种类 | OI-D/OI-D MATE |
|---|---|---|---|
| | | PMC-SA1 | PMC-SB7 |
| X | 机床给 PMC 的输入信号（MT→PMC） | X0～X127 | X0～X127 |
| | | | X200～X327 |
| | | | X1000～X1127 |
| Y | PMC 输出给机床的信号（PMC→MT） | Y0～Y127 | Y0～Y127 |
| | | | Y200～Y327 |
| | | | Y1000～Y1127 |
| F | NC 给 PMC 的输入信号（NC→PMC） | F0～F255 | F0～F767 |
| | | | F1000～F1767 |
| | | | F2000～F2767 |
| | | | F3000～F3767 |
| G | PMC 输出给 NC 的信号（PMC→NC） | G0～G255 | G0～G767 |
| | | | G1000～G1767 |
| | | | G2000～G2767 |
| | | | G3000～G3767 |
| R | 内部继电器 | R0～R999 | R0～R7999 |
| | | R9000～R9099 | R9000～R9499 |
| E | 外部继电器 | — | E0～E7999 |
| A | 信息显示请求信号 | A0～A24 | A0～A249 |
| | 信息显示状态信号 | | |
| | | — | A9000～A9249 |
| C | 计数器 | C0～C79 | C0～C399 |
| | | | C500～C5199 |
| K | 保持继电器 | K0～K19 | K0～K99 |
| | | | K900～K919 |
| T | 可变定时器 | T0～T79 | T0～T499 |
| | | | T9000～T9499 |
| D | 数据表 | D0～D1859 | D0～D9999 |
| L | 标志号 | — | L1～L9999 |
| P | 子程序号 | — | P0～P2000 |

其中机床侧的输入地址 X 中,有一些专用信号直接被 CNC 所读取,因为不经过 PMC 的处理,我们称之为高速处理信号。例如,急停为 X8.4,原点减速信号为 X9,测量信号为 X4。

在内部地址中,中间继电器 R9000~R1000 之间的地址被系统所占用,不要用于普通控制地址,如表 4-2 所示。

表 4-2 中间继电器(R9000~R1000)系统地址分配

| 地址 | 说明 |
| --- | --- |
| R9000.0 | 数据比较位,输入值等于比较值 |
| R9000.1 | 数据比较位,输入值小于比较值 |
| R9091.0/1 | 常 0/1 信号 |
| R9091.5 | 0.2 s 周期信号 |
| R9091.6 | 1 s 周期信号 |

R9015.0 在 PMC 运行后,产生一个脉冲信号,作为 PMC 运行信号。R9015.1 在 PMC 停止前输出一个下降沿逻辑,作为检测 PMC 停止信号,在 PMC 停止后产生一个急停信号,R9091.2 与 PMC 运行同步信号。

内部地址中,T0~T8 作为 48 ms 精度定时器,T9~T499 作为 8 ms 精度级,定时器在 PMC 参数画面上设定和使用。

内部地址中,C0~C399 作为计数器在 PMC 参数画面时设定和使用。

内部地址中,K0~K99 可作为普通的保持型继电器在 PMC 画面上设定和使用,K900~K919 为系统占用区(有确定的地址含义),通常并上或串上一个 K 接点,可以添加或删除某种功能。

内部地址中,A0~A249 作为信息,请求寄存器使用,用它产生外部的报警信息文本。

内部地址中,D0~D9999 作为数据寄存器,可以在 PMC 进行数据交换。

内部地址中,P0~P2000 为子程序号,在 PMC 可以通过 CALL(有条件调用)和 CALLU(无条件调用)子程序完成一些特定的功能。

内部地址中,L1~L9999 作为标志号,PMC 顺序程序用标志号进行分块,系统通过 PMC 的标号跳转指令 JMPB 或 JMP 跳到所指定标号的程序进行控制。

# 课题二 PMC 控制电路和功能指令应用

### 一、PMC 基本控制电路

1. 自锁回路

如图 4-12 所示,X0.0 按下后,Y0.0 吸合;X0.0 松开后,由 Y0.0 的触点实现自锁;X0.1 为常闭触点,X0.1 断开后,回路断开。

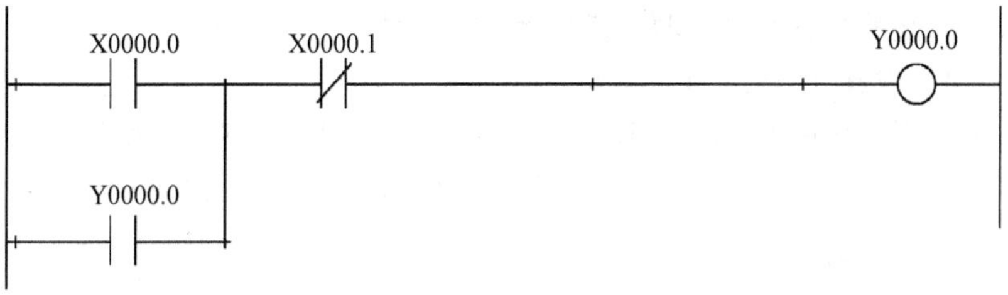

图 4-12 自锁回路

### 2. 互锁回路

如图 4-13 所示,在 Y0.0 回路中串入 Y0.1 的常闭点,在 Y0.1 回路中,串入 Y0.0 的常闭点,两个回路实现互锁,Y0.0 和 Y0.1 不会同时吸合。

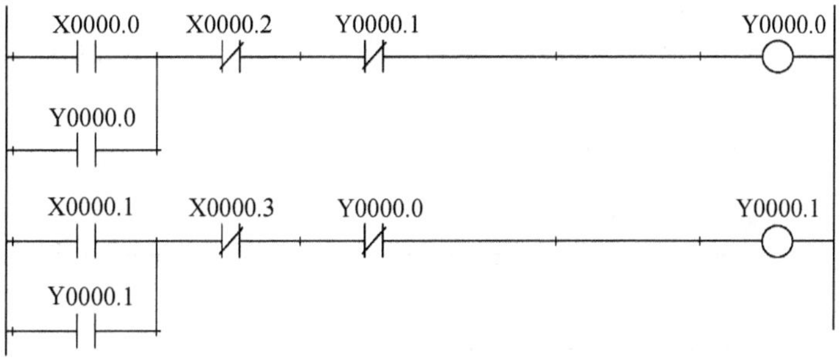

图 4-13 互锁回路

### 3. 逻辑 0 回路和逻辑 1 回路

(1) 逻辑 0 回路。

如图 4-14 所示,由于 R0.0 断电器回路永远不会常开和常闭同时吸合,故 R0.0 永远不会吸合,R0.0 一直为 0,FANUC 16、18、0i 中专用继电器为 R9091.0。

图 4-14 逻辑 0 回路

(2) 逻辑 1 回路。

如图 4-15 所示,上电时 R0.0 由其常闭点得电而吸合,通过其常开触点实现自锁,所以 R0.0 一直为 1。FANUC 16、18、0i 中有专用继电器 R9091.1。

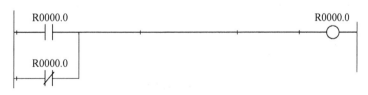

图 4-15 逻辑 1 回路

4. 上升沿触发脉冲信号电路和下降沿触发脉冲电路

(1) 上升沿触发脉冲信号电路。

如图 4-16 所示,按下 X0.0 时,R0.0 吸合,下一步,R0.1 吸合,循环下去,再执行到 R0.0 回路时,因 R0.1 为 1,故 R0.0 断开,R0.0 为一个与 X0.0 同步吸合的脉冲信号。

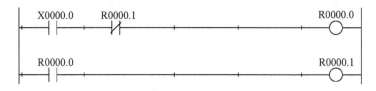

图 4-16　上升沿触发脉冲信号电路

(2) 下降沿触发脉冲电路。

如图 4-17 所示,按下 X0.0 时,R0.1 吸合,R0.0 断开。松开 X0.0 时,由于 R0.1 还保持吸合,故 R0.0 吸合。下一步,R0.1 断开,循环下去,在执行到 R0.0 时,由于 R0.1 断开,故 R0.0 失电。所以 R0.0 是在 X0.0 松开后,在下降沿时产生一个脉冲信号。

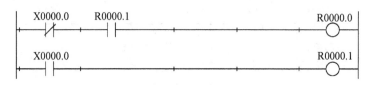

图 4-17　下降沿触发脉冲电路

5. RS 触发电路

如图 4-18 所示,按下 X0.1,后松开,R0.2 产生一个脉冲信号。Y0.1 通过 R0.2(常开点)和 Y0.1(常闭点)吸合一下。循环执行后,通过 R0.2(常闭点)和 Y0.1(常开点)自锁。再按一下 X0.1,R0.2 产生一个脉冲信号,将 R0.2(常闭点)、Y0.1(常开点)和自锁回路切断,Y0.1 松开。动作结果:按一下 X0.1,Y0.1 吸合,再按一下 X0.1,Y0.1 断电。

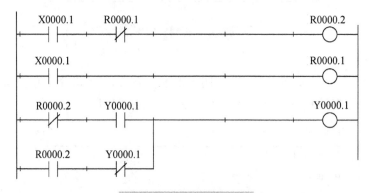

图 4-18　RS 触发电路

6. 异或电路

Y0.2＝R0.2$\overline{R0.1}$＋$\overline{R0.2}$R0.1,此为逻辑电路中的异或电路,如图 4-19 所示。R0.2、R0.1 相同电平时,Y0.2 为 0,不吸合;R0.2、R0.1 电平不相同时,Y0.2 为 1。

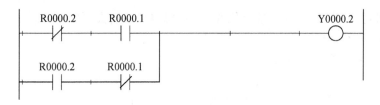

图 4-19 异或电路

### 二、PMC 的功能指令及应用

数控机床的 PLC 指令必须要满足特殊要求,由于数控机床动作复杂,仅靠基本指令很难实现,功能指令即是实现一些特定功能的指令,其实都是一些子程序,应用功能指令就是调用相应的子程序。

**1. 程序结束指令**

图 4-20 所示为第一级 PMC 程序区结束指令,第一级程序为快速执行程序区,每 8 ms 执行一次,主要处理系统急停、超程、进给暂停等紧急动作。

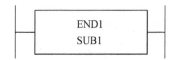

图 4-20 第一级 PMC 程序区结束指令

图 4-21 所示为第二级 PMC 程序区结束指令。第二级程序用来编写普通顺序程序,系统会根据第二级程序的长短分成若干段,每 8 ms 顺序执行一段,为主程序区。

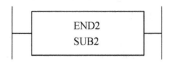

图 4-21 第二级 PMC 程序区结束指令

如图 4-22 所示为 PMC 结束指令,在 END 和 END2 之间是子程序。

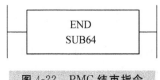

图 4-22 PMC 结束指令

**2. 定时器指令**

定时器用来定时,用于程序中需要与时间建立逻辑关系的场合,都是通电延时继电器,分为可变定时器(TMR)和固定定时器(TMRB)。

通电延时可以理解为对信号的一种确认,某个信号动作之后,相应的继电器并不立刻动作,而是延迟一定时间,信号仍旧保持,输出继电器才吸合。

如卡盘作夹紧动作,夹紧到位开关闭合后,相应继电器并不马上吸合使主轴旋转,而是延迟一定时间,假设为 1 s 后,夹紧到位开关仍旧吸合,说明夹紧牢靠,输出继电器才吸合,主轴开始旋转,确保安全。

(1) 可变定时器(TMR)(图 4-23)。

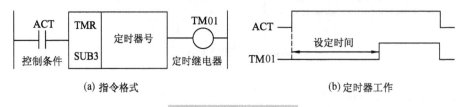

图 4-23　可变定时器

TMR 指令的定时时间可通过 PMC 参数中的 TIMER 修改。

工作原理:当 ACT=1 时,吸合,延迟设定时间后,定时继电器吸合;当 ACT=0 时,定时继电器断电。定时器号 1~8 号最小单位为 48 ms,9 号以后最小单位为 8 ms。

定时继电器:作为可变定时器的输出,定时继电器地址由机床厂家设计者决定,一般采用中间继电器 R 输出。定时继电器参数设置按功能键 PMC,再按 PRM(TIMER)♯001 修改 DATA 的数值,如表 4-3 所示。

表 4-3　定时继电器参数设置

| NO | ADDRESS | DATA |
|---|---|---|
| 001 | T000 | 0 |
| 002 | T002 | 0 |
| 003 | T003 | 0 |

NO 代表定时器号,DATA 代表设定时间,单位为 ms,以十进制直接设定。

(2) 固定定时器(TMRB)(图 4-24)。

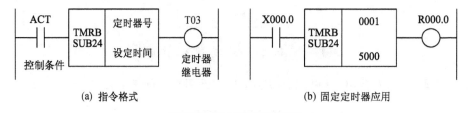

图 4-24　固定定时器

固定定时器在梯形图中设定时间,定时时间与梯形图一起存入 FROM 中,不能在梯形图 PMC 参数中改写。一般用于固定机床时间(如换刀时间,润滑时间)的控制,不需要用户改写。图 4-25 所示为固定定时器在报警回路中的应用。

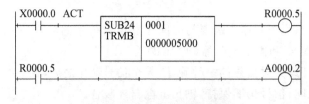

图 4-25　固定定时器的应用

X0.0闭合,延时 5 s 后 R0.5 得电,其常开触点闭合,A0.2 报警。

3. 计数器指令

计数器的主要功能是进行计数,可以是加计数,也可以是减计数。计数器的预置值形式是 BCD 代码还是二进制代码形式由 PMC 的参数设定(一般为二进制代码)。

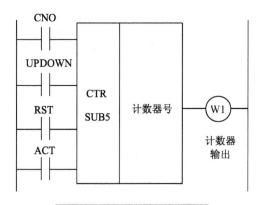

图 4-26 计数器指令格式

CNO=0 时,从 0 开始计数,即 0,1,…,N;CNO=1 时,从 1 开始计数 1,2,…,N。UPDOWN=0 时,为加计数器;UPDOWN=1 时,为减计数器。

RST=1 时,计数器复位到初始值;RST=0 时,解除复位。ACT 由 0 变 1 时,上升沿计数;ACT 由 1 变 0 时,计数器不计数。

计数器号:其内部在 PMC 中 PMCPRM→COUNTER;预置值占两个字节,当前计数值占两个字节。PRESET 为预置值,CURRENT 为当前值。

计数器输出(W1):当计数器为加计数器时,计数到预置值时,W1=1;当计数器为减计数器时,计数到初始值时 W1=1。

图 4-27 所示为计数器在刀套计数中的应用。刀库旋转时,刀套计数,X3.5 为数刀开关,每转一个刀位,X3.5 点亮一次。R0.0 为 0,从 0 开始计数;R0.0 为 1,从 1 开始计数。

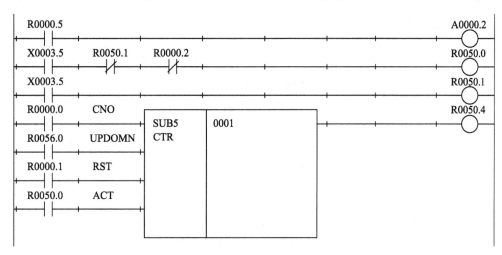

图 4-27 计数器在刀套计数中的应用

一般情况下，R56.0 为 0 时正转，加计数；为 1 时反转，减计数；R50.0 为计数脉冲，计数器终止计数；C1 中记忆的是刀库当前刀座号。所谓当前刀套即是刀库中处于等待换刀位置的刀套号。当计数器的计数值累计到预置值时，计数器输出 R50.4 为 1；当 R0.1 为 1 时，计数器输出 R50.4 为 0，计数器重新计数。

4. 译码指令

数控机床执行加工程序中的 M、S、T(M 代表辅助功能，S 代表主轴转速功能，T 代表刀具选择功能)功能时，当系统读到这些代码时，CNC 装置以 BCD 或二进制代码形式输出 M、S、T 代码的 F 信号给 PMC，这些信号需要经过 PMC 译码才能从 BCD 或二进制状态转换成具有特定含义的一位逻辑状态。完成数位转换，一个数通过译码后对应位将变为 1。

CNC 在执行加工程序时，遇到其中的 M、S、T 功能时，以 F 指令的形式输出，送给 PMC 执行。

M 代码译码：16i、18i、0i 系统地址为 F10～F13，其内容为二进制的 M 代码，代码范围为 M00～M31。加工编写的程序如遇到 M13，F10 译出 00001101。

S 代码译码：16i、18i、0i 系统地址为 F22～F25，其内容为二进制的 S 代码，代码范围为 S00～S31。

T 代码译码：16i、18i、0i 系统地址为 F26～F29，其内容为二进制的 T 代码，代码范围为 T00～F31。

CNC 遇到加工程序的 M、S、T 指令时，会输出相应的指令信息，经过延时时间，通常为 16 ms，可以通过系统设定，还会输出一个选通信号(或称之为读信号)。M 指令选通(读 M 代码)信号为 MF，16i、18i、0i 系统为 F7.0；S 指令选通(读 S 代码)信号为 SF，16i、18i、0i 系统为 F7.2；T 选通(读 T 代码)信号为 TF，16i、18i、0i 系统为 F7.3。

对 M、S、T 译码的目的是将其变成一个个中间继电器线圈的吸合，去控制外部的一些动作，如液压开启、卡盘夹紧松开、门开关等。

(1) DEC 指令(译 BCD 码)。

DEC 指令的功能是当两位 BCD 码与给定值一致时，输出为 1，不一致时输出为 0。DEC 指令主要用于机床的 M 码和 T 码的译码，一条 DEC 指令译码只能译一个 M 代码。DEC 指令格式如图 4-28 所示。

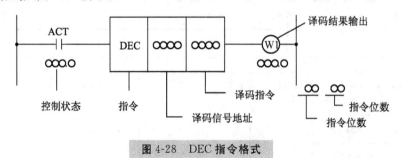

图 4-28 DEC 指令格式

格式包括以下几个部分：

① 控制条件：ACT=0 时不执行译码指令，ACT=1 时执行译码指令。

② 译码信号地址：指定包含两位 BCD 码的信号地址，0i 系统信号地址为 F10、F22、F26。

③ 译码方式:包括译码数值和译码位数,译码数值即要译码的两位 BCD 代码。
④ 译码位数:01 只译低 4 位,10 只译高 4 位,11 高低位均译。
⑤ 译码输出:指定地址的译码数与要求的译码值相等时为 1,否则为 0。

除一些约定俗成的 M00、M01、M03、M04、M05、M08、M09、M19 之外,不同厂家的 M 代码各不相同,都可以自己编写。如图 4-29 所示为 DEC 指令的应用。

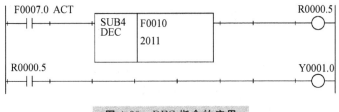

图 4-29　DEC 指令的应用

(2) DECB 指令(译二进制码)。

DECB 指令的功能是可对 1、2 或 4 个字节的二进制代码数据译码。

所指定的 8 位连续数据之一与代码数据相同时,对应的输出数据位为 1,DECB 主要用于 M、T 代码的译码,一条 DECB 可译 8 个连续的 M、T 代码。如图 4-30 所示为 DECB 的指令格式。

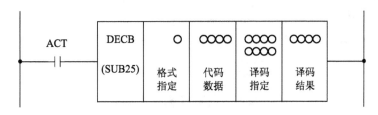

图 4-30　DECB 指令格式

格式包括如下几个部分:

① 译码格式指定:0001 表示 1 个字节的二进制代码,0002 表示 2 个字节的二进制代码,0004 表示 4 个字节的二进制代码。

② 译码信号地址:给定 1 个存储代码数据的地址,0i 系统地址为 F10、F22、F26。

③ 译码指定数:给定要译码的 8 个连续数字的第一位,即从何处开始译码。

④ 译码结果输出:给定一个要输出译码结果的地址,1 个字节共 8 位,可译 M0~M255,2 个字节共 16 位,可译 M0~M32767。

如图 4-31 所示,译码指令表示从 M03 开始一直可译到 M10,(M03 M04 M05 M06 M07 M08 M09 M10)共 8 位,加工程序中遇到某个 M 指令时,相应 R500 的某个位会接通为 1,控制外部电路,完成相应功能。

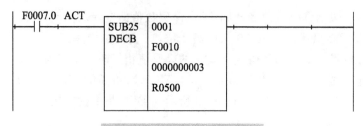

图 4-31 DECB 指令的应用

5. 比较指令

比较指令用于比较输入值和比较值的大小,主要用于数控机床编程的 T 代码和实际刀号的比较,同样分 BCD 比较指令和二进制比较指令。

(1) COMP 指令(BCD 比较)。

COMP 指令的输入值和比较值为 2 位或 4 位 BCD 代码,指令格式如图 4-32 所示,具体如下:

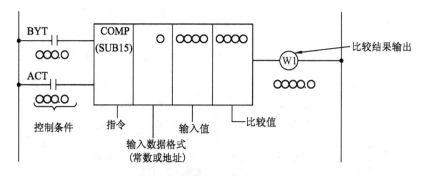

图 4-32 COMP 指令格式

① 指定数据大小:BYT=0 时,处理数据(输入值和比较值)为 2 位 BCD 码;BYT=1 时,处理数据为 4 位 BCD 码。

② 控制条件:ACT=0 时,不执行比较指令;ACT=1 时,执行比较指令。

③ 输入数据格式:0 表示用常数指定输入基准数据,1 表示用地址指定输入基准数据。

④ 基准数据(输入值):输入的数据(常数或常数存放地址)。

⑤ 比较数据地址:(比较值)指定存放比较数据的地址。

⑥ 比较结果输出:输入值>比较值时,W1=0;输入值≤比较值时,W1=1。

常数代表一个具体数值,如 1、2、3、4 等,地址是一个寄存器,里边有存储内容。地址如果存放一个常数,称为直接寻址;(A)地址中如果存放一个地址,称为间接寻址((A))。

图 4-33 所示为 COMP 指令的应用。R9091.0 为逻辑 0,表示处理数据为 2 位 BCD 码,R500 存储的为输入值,通常情况下比数控机床刀库的工位数大 1。当 F26 中系统的 T 代码数值小于 R500 中的数值时,R50.0 为 0;当 F26 中系统的 T 代码数值等于或大于 R500 中的数值时,R50.0 为 1,发出错误报警,因为这时 T 代码大于刀库的最大工位数。

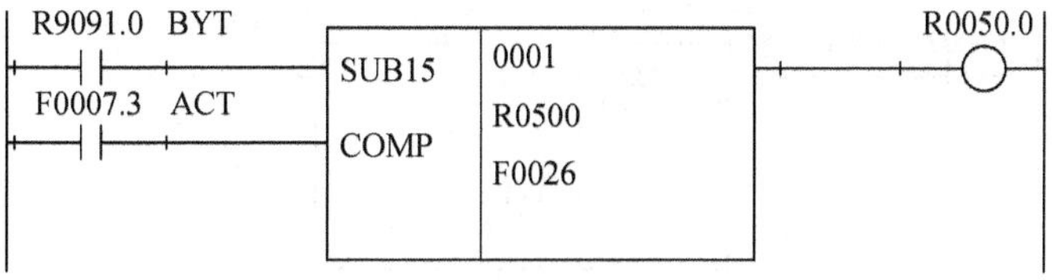

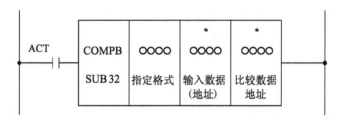

图 4-33 COMP 指令的应用

(2) COMPB 指令（二进制比较）。

COMPB 指令的功能是在 1 个、2 个或 4 个字节的多个二进制数据之间比较大小，比较结果存放在运算结果寄存器（R9000）中。COMPB 指令格式如图 4-34 所示，具体如下：

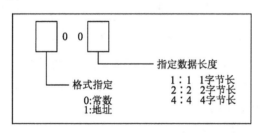

图 4-34 COMPB 指令格式

① 控制条件：ACT=0 时，不执行比较指令；ACT=1 时，执行比较指令。

② 输入数据格式：指定数据长度（1、2 或 4 个字节）和输入数据的指定形式（常数指定或地址指定），如图 4-35 所示。

图 4-35 输入数据格式数字含义

③ 基准数据（输入数据）：输入的数据（常数或常数存放地址）。

④ 比较数据地址（比较值）：指定存放比较数据的地址。

⑤ 比较寄存器 R9000：基准数据（输入值）= 比较数据时，R9000.0=1；基准数据（输入值）< 比较数据（比较值）时，R9000.1=1。

图 4-36 所示为 COMPB 指令的应用。图中 1002 中的首位 1 表示输入的数据为地址指定，而末位 2 则表示为 2 字节长度，R500 存储的为主轴目前的刀号，当 F26 中系统的 T 代码数值等于 R500 中的数值时，R9000.0=1，跳出换刀程序，执行后面的程序。

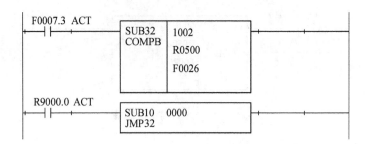

图 4-36　COMPB 指令的应用

6．常数定义指令

给某个地址赋一个值，同样分 BCD 和二进制常数。

（1）NUME 指令（BCD）。

NUME 指令是 2 位或 4 位 BCD 代码常数定义。格式如图 4-37 所示，具体如下：

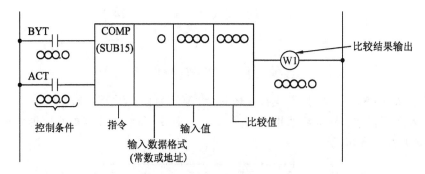

图 4-37　NUME 指令格式

① 常数的位数：BYT=0 时，常数为 2 位 BCD 码；BYT=1 时，常数为 4 位 BCD 码。
② 控制条件：ACT=0 时，不执行常数定义指令；ACT=1 时，执行常数定义指令。
③ 常数输出地址：所定义的目的地址。
④ 常数：赋值常数，十进制形式。

图 4-38 所示为某数控车床的电动刀盘实际刀号定义，R9091.0 为逻辑 0，X5.0、X5.1、X5.2、X5.3 为电动刀盘实际刀号输出信号，D300 为存放实际刀号的数据表。当电动刀盘转到 7 号刀时，刀号输出信号 X5.0=1、X5.1=1、X5.2=1、X5.3=0，发出 7 号代码（0111），通过 NUME 指令把常数 07 输出实际刀号存放在地址 D300 中。

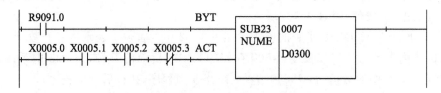

图 4-38　NUME 指令的应用

（2）NUMEB 指令（二进制数）。

NUMEB 指令是 1 个字节，2 个字节或 4 个字节长二进制数的常数定义。指令格式如图 4-39 所示，具体如下：

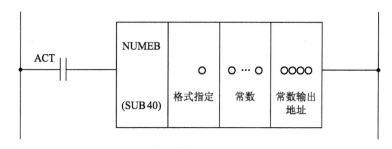

图 4-39　NUMEB 指令格式

① 控制条件：ACT＝0 时，不执行常数定义指令；ACT＝1 时，执行常数定义指令。

② 常数长度指定：0001 表示 1 个字节长度的二进制数；0002 表示 2 个字节长度的二进制数；0004 表示 4 个字节长度的二进制数。

③ 常数：以十进制形式指定的常数。

④ 常数输出地址：定义二进制数据的输出区域的首地址，即目的地址。

7．判别一致指令

判别一致指令 COIN 用来检查参考值与比较值是否一致，可用于检查刀库、转台等旋转体是否到达目标位置等。

COIN 指令格式如图 4-40 所示，包括以下几项：

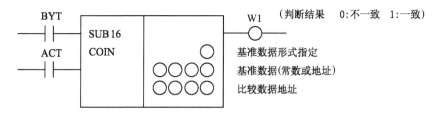

图 4-40　COIN 指令格式

① 指定数据大小：BYT＝0 时，数据为 2 位 BCD 代码；BYT＝1 时，数据为 4 位 BCD 代码。

② 控制条件：ACT＝0 时，不执行 COIN 指令；ACT＝1 时，执行 COIN 指令。

③ 基准数据形式指定：0 表示用常数指定输入数据，1 表示用地址指定输入数据。

④ 基准数据：输入值可以是常数或地址（由上面的输入数据格式决定）。

⑤ 比较数据地址：比较数据存放的地址。

⑥ 结果输出：W1＝0 时，输入值≠比较值；W1＝1 时，输入值＝比较值。

图 4-41 所示为 COIN 指令的应用，当 X0.0 为 1 时，比较 12 和 R100 的值，当 R100 的值为 12 时，R0.0 接通。

图 4-41　COIN 指令的应用

## 8. MOVE 指令

逻辑乘传送语句，将逻辑乘数与输入数据进行逻辑乘，将结果输出到输出数据地址中，还可以用来将指定地址中不需要的 8 位信号清除。逻辑乘 $1×1=1,1×0=0,0×0=0$。

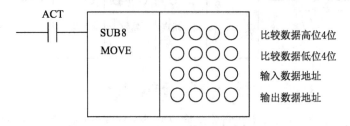

图 4-42　MOVE 指令格式

MOVE 指令格式如图 4-42 所示。ACT=0 时不执行，ACT=1 时执行逻辑乘传输。输入数据与逻辑乘数相与，对应位为 0 屏蔽，对应位为 1 通过，将结果输出到输出数据地址中。

图 4-43 所示为 MOVE 指令的应用。D0000 为地址，用来保存主轴上的刀号，D0080 为一个中间地址，执行 MOVE 指令后将主轴上的刀具号（保存在 D0000 中）传送到 D0080 地址中保存。

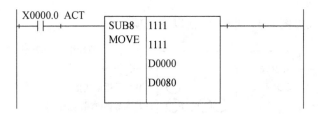

图 4-43　MOVE 指令的应用

## 9. 旋转指令

(1) ROT 指令。

此指令用来判别回转体的下一步旋转方向，计算出回转体从当前位置到目标位置的步数或回转体从当前位置到目标位置前一位置的位置数，一般用于数控机床自动换刀装置的旋转控制。

ROT 指令格式如图 4-44 所示，具体如下：

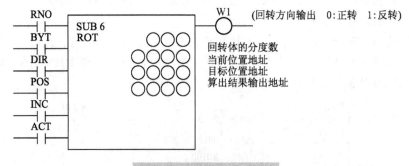

图 4-44　ROT 指令格式

① 指定起始位置数：RNO=0 时，旋转起始位置为 0；RNO=1 时，旋转起始位置为 1。

② 指定要处理数据的位数：BYT＝0 时，指定 2 位 BCD 码；BYT＝1 时，指定 4 位 BCD 码。

③ 选择最短路径的选择方向：DIR＝0 时，不选择最短路程，按正向旋转；DIR＝1 时，选择最短路径。

④ 指定操作条件：POS＝0 时，计算现在位置与目标位置的步距数；POS＝1 时，计算现在位置与目标位置的前一个位置的步距数。

⑤ 指定位置或步距数：INC＝0 时，计算目标位置号（表内号）；INC＝1 时，计算到达目标位置步数。

⑥ 控制条件：ACT＝0 时，不执行 ROT 指令，W1 不变化；ACT＝1 时，执行 ROT 指令，并有旋转方向给出。

⑦ 旋转方向输出：选用最短路径方式中有旋转方向的控制信号，该信号输出到 W1。W1＝0 时，旋转方向为正（FOR）；W1＝1 时，旋转方向为负（REV）。所谓正转是指转子的位置数递增，所谓反转是指转子的位置数递减，如图 4-45 所示。

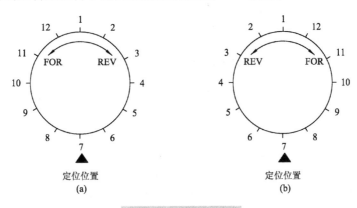

图 4-45　回转方向

图 4-46 所示为 ROT 指令的应用。RNO 为 R9091.1（逻辑 1），表示刀套号从 1 开始；BYT 为 R9091.0（逻辑 0），表示处理 2 位 BCD 码；DIR 为 R9091.1，表示选择最短路径；POS 为 R9091.0，计算现在位置与目标位置之间的步距数；INC 为 R9091.1，计算到目标位置的步距数；0024 为回转体分度数，表示 24 把刀的容量；C0002 为当前位置地址，表示目前刀库上处于换刀位置的刀套号；D0100 为目标位置地址，表示在加工程序中要换的刀具所在

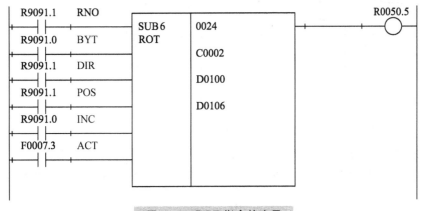

图 4-46　ROT 指令的应用

的刀套号(程序 T 代码,找 T 代码所在的刀库的刀套号);D106 为从当前刀套移动到目标刀具(T 代码)所在刀套号之间的步距数。

(2) ROTB 指令(二进制旋转)。

ROTB 和 ROT 指令的基本功能相同,在 ROT 中回转体分度数是一个固定值,而在 ROTB 中旋转体的分度数是一个地址,因而允许改变,因为可以向旋转体分度数的地址中赋不同的值,处理的数据为二进制形式,如图 4-47 所示。

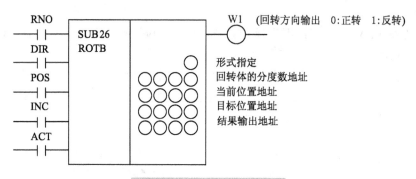

图 4-47　ROTB 指令格式

格式指定:0001 表示处理数据为 1 个字节,0002 表示处理数据为 2 个字节,0004 表示处理数据为 4 个字节。

10. 数据检索指令

(1) DSCH 指令(找刀套或找刀座)。

DSCH 指令仅适用于 PMC 所使用的数据表,DSCH 搜索数据表中指定的数据,并且输出其表内号,未找到数据,W1=1。在 FANUC 系统操作面板上按照 SYSTEM→PMC→PMCPRM→DATE→G DATA 进入 FANUC 系统用数据表,数据表的作用为管理刀具。

数据表(刀具表)有如下项:NO 为表内号,即所谓的刀套号;DATA 为数据,即所谓的刀号。这样每一个刀套对应一个刀号。通常,第一行的表内号为 000,存放主轴上的刀号。简单来说,DSCH 即是为加工程序中选用的刀具号找到其所在的刀套号。例如,加工编写的程序中 T3 执行 DSCH 后,会找出 T3 这把刀具所在的刀套号,以便旋转刀库去找刀。

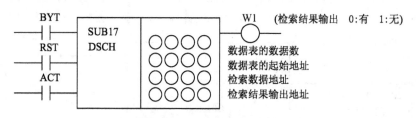

图 4-48　DSCH 指令格式

DSCH 指令格式如图 4-48 所示,具体如下:

① 指定处理数据的位数:BYT=0 时,指定 2 位 BCD 码;BYT=1 时,指定 4 位 BCD 码。

② 复位信号(RST):RST=0 时,W1 不进行复位(W1 输出状态不变);RST=1 时,W1 进行复位,W1=0。

③ 执行命令:ACT=0 时,不执行 DSCH 指令,W1 不变;ACT=1 时,执行 DSCH 指

令,没有检索到数据时 W1=1,检索到数据时 W1=0。

④ 数据表的数据数:指定数据表大小,如果数据表表头为0,表尾为 N,则数据表个数为 N+1。

⑤ 数据表的起始地址:指定数据表的表头地址。

⑥ 检索结果输出地址:把被检索数据所在的表内号输出到该地址。

图 4-49 所示为 DSCH 指令的应用。D0002 为数据表表头地址(刀具表);R46 存放加工程序中要换刀的刀号,如 T2;D100 为(T2)所在的数据表的表内号即刀套号。

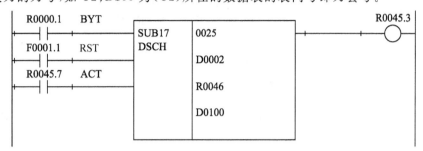

图 4-49　DSCH 指令的应用

(2) DSCHB 指令(二进制数据检索)。

与 DSCH 功能指令相同,该功能指令用于检索数据表中的数据,但是有两点不同:

① 该指令中处理的数据都是二进制形式。

② 数据表中的数据个数(表容量)可以用地址指定,这样即使写入 ROM 后,依然可以改变表容量。

DSCHB 指令格式如图 4-50 所示,具体如下:

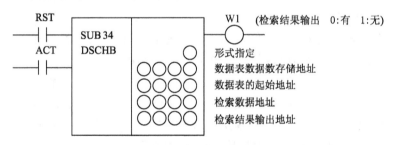

图 4-50　DSCHB 指令格式

① 形式指定:用来表示数据的长度,0001 表示数据长度为 1 个字节,0002 表示数据长度为 2 个字节,0004 表示数据长度为 4 个字节。

② 数据表数据地址:指定数据表容量存储地址((N+1))。

③ 数据表的起始地址:指定数据表的表头地址。

④ 检索数据地址:指定检索数据所在的地址。

⑤ 检索结果输出地址:把被检索数据所在的表内号输出到该地址。

11. 变地址传送指令

(1) XMOV 指令(处理 BCD 码数据)。

读或写数据表中的内容。XMOV 指令仅适用在 PMC 使用的数据表中,处理 2 位 BCD

码或 4 位 BCD 码,常用于加工中心的随机换刀控制时刷新刀具表(或更新刀具表)。

XMOV 指令格式如图 4-51 所示,具体如下:

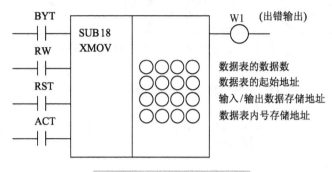

图 4-51 XMOV 指令格式

① 数据的位数指定(BYT):BYT=0 时,指定 2 位 BCD 码;BYT=1 时,指定 4 位 BCD。

② 读取/写入的指定(R/W):RW=0 时,从数据表中读取数据;RW=1 时,向数据表中写入数据。

③ 复位信号(RST):RST=0 时,W1 不进行复位(W1 输出状态不变);RST=1 时,W1 进行复位(W1=0)。

④ 执行命令(ACT):ACT=0 时,不执行 XMOV,W1 不变;ACT=1 时,执行 XMOV。

⑤ 数据表容量:指定数据表的容量,数据表开头为 0,末尾为 N,数据表的大小为 N+1。对数控机床而言,即刀库容量+1,如 24 把刀库容量定为 25。

⑥ 数据表的表头地址:指定数据表的表头地址,这样才能确定数据所在的地址。对数控机床而言,表头地址存放主轴上的刀具号。

⑦ 输入/输出数据地址:读取数据,即从数据表中读取数据,是将刀套中对应的刀具号存入输入/输出数据地址中,刀套号由下一项(表内号存储地址)给出。总之,读指令是将刀套中对应的刀具号读出来。所谓写入数据,是向数据表中写入数据。输入/输出数据地址中存放要写入的刀具号,表内号存储地址提供了刀套号,将刀具号写入刀套中。

⑧ 表内号存储地址:表内号简单理解为刀套号(或刀座号),读取数据时,找出刀具号,提供了刀套号。写入数据时,放回刀具号,同样提供了刀套号。

RW=0 时,读取数据表内数据,是将刀套中的刀具号读出来,放在输入/输出数据地址中,刀套号由表内号(表内号即是刀套号)存储地址提供。

RW=1 时,写入数据表数据,是将刀具号放到刀套中,刀具号由输入/输出数据存储地址提供,刀套号由表内号存储地址提供。表内号简单理解为刀套号(或刀座号),XMOV 指令是将刀套中对应的刀具号读出来或将刀具号写入刀套数据表中。

图 4-52 所示为 XMOV 指令的应用。数据表为 100 开始的 5 个数据,读取由 R200 指定的表内号的数据,并写入 R100。用 R200 指定的表号不正确时,出错输出 R0.0,变为 1;当 F1.1 为 1 时,出错输出的 R0.0 由"1"变为"0"。

(2) XMOVB 指令(处理二进制数据)。

此指令的功能同 XMOV 一样,同样是读出或改写数据表中的数据,但有两点不同:

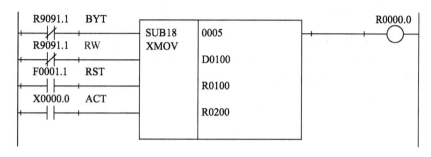

图 4-52　XMOV 指令的应用

① 此指令处理的是二进制数据。

② 数据表中的数据数目（表容量）可以用地址指定，这样即使在写入 ROM 后依然可以改变表容量。

XMOVB 指令格式如下：

① 读取/写入的指定（R/W）：RW＝0 时，表示从数据表中读出数据；RW1＝1 时，表示向数据表中写入数据。

② 复位信号（RST）：RST＝0 时，W1 不进行复位（W1 输出状态不变）；RST＝1 时，W1 进行复位，W1＝0。

③ 执行命令（ACT）：ACT＝0 时，不执行 XMOVB；ACT＝1 时，执行 XMOVB（发生错误时 W1＝0，不发生错误时 W1＝1）。

④ 数据格式指定：0001 表示 1 个字节，0002 表示 2 个字节，0004 表示 4 个字节。

⑤ 数据表容量存储地址：指定数据表大小（以地址存储）。

⑥ 数据表起始地址：数据表头地址。

⑦ 输入/输出数据存储地址：读取数据时，把表内号存储地址的数据输出到该地址中；写入数据时，指定数据表中要传输数据的地址。

⑧ 表内号存储地址：读取数据时，指定数据从数据表输出的表内号地址；写入数据时，指定数据写入数据表的表内号地址。

XMOVB 指令的应用如图 4-53 所示。

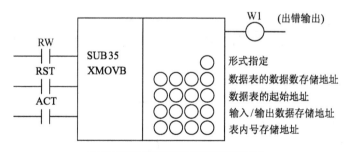

图 4-53　XMOVB 指令的应用

12. 代码转换指令

(1) COD 指令（处理 BCD 码）。

通常将 PMC 中管理刀具的称为数据表，又称刀具表，而在 COD 指令下编写的表特称"转换数据表"，转换数据表容量为 00～99，里边存放的数据一般为倍率值，包括进给倍率和主轴倍率。

COD 指令提供转换数据表的表地址,根据地址去检索转换数据表中的数据。

该指令是通过 2 位 BCD 码(00～99)指定一个表内地址,根据该地址去转换数据表中取出 2 位或 4 位 BCD 码形式的转换数据。

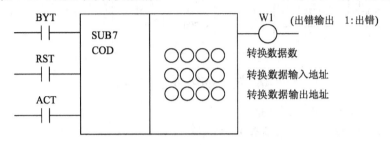

图 4-54　COD 指令格式

COD 指令格式如图 4-54 所示,具体如下:

① 转换数据表的数据形式指定:BYT=0 时,指定转换表中数据为 2 位 BCD 码;BYT=1 时,指定转换表中数据为 4 位 BCD 码。

② 转换复位输出:RST=0 时,取消复位(输出 W1 不变);RST=1 时,转换数据错误,输出 W1 为 0(复位)。

③ 执行条件(ACT):ACT=0 时,不执行 COD 指令;ACT=1 时,执行 COD 指令。

④ 转换数据表容量:指定转换数据表容量(00～99),转换数据表开头为 0 号,数据表末尾为 $N$,容量为 $N+1$。

⑤ 转换数据输入地址:转换数据输入地址提供转换数据的表地址,一般可通过机床面板的开关来设定该地址,即 00～99 之间的数。

⑥ 转换数据输出地址:将转换数据表内指定的 2 位 BCD 代码或 4 位 BCD 代码存储起来。2 位 BCD 的转换数据要求 1 个字节的存储器,4 位 BCD 要求 2 个字节的存储器。

⑦ 错误输出:执行 COD 指令时,如果转换输入地址出错,如转换地址数据超过了数据表的容量,则 W1=1。此时可以利用 W1=1 执行适当的互锁,如使操作面板出错灯闪亮或停止伺服轴进给。

(2) CODB 指令(处理二进制数据)。

该指令是把 2 个字节的二进制代码(0～255)数据转换成 1 个字节、2 个字节或 4 个字节的二进制数据指令。

CODB 指令格式如图 4-55 所示,具体如下:

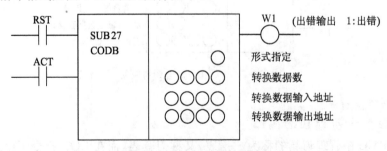

图 4-55　CODB 指令格式

① 复位(RST):RST=0 时,取消复位(W1 输出状态不变);RST=1 时,转换数据错误,W1=0。

② 执行条件(ACT):ACT=0 时,不执行 CODB 指令;ACT=1 时,执行 CODB 指令。

③ 数据格式指定:指定数据转换表中二进制数据的字节数。0001 表示 1 个字节的二进制数(0~255),0002 表示 2 个字节的二进制数(0~32 767),0004 表示 4 个字节的二进制数(0~99 999 999)。

④ 转换表数据的容量:指定转换表数据的容量(0~255),数据表开头为 0,末尾是 N,容量为 N+1。

⑤ 转换数据输入地址:转换数据表中的数据可通过指定表号取出,指定表号的地址称为转换数据输入地址,一般通过机床面板开关设定该地址的内容。

⑥ 转换数据输出地址:转换数据表中输出的数据地址。

⑦ 错误输出:在执行 CODB 指令时,如果输入地址出错(如转换地址数据超过了数据表的容量),则 W1=1。

图 4-56 所示为某数控机床主轴倍率(50%~200%)的 PMC 控制的梯形图。其中,X8.0~X8.4 是机床面板主轴倍率开关的输入信号(4 位二进制代码格式输入控制),F1.1 为系统复位信号,R9091.1 为逻辑 1,G30 为 FANUC 0i 系统的主轴倍率信号(二进制形式),R7.0 为转换出错。

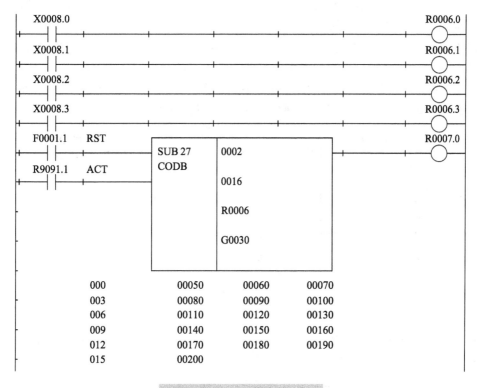

图 4-56 CODB 指令的应用

13. 数据转换指令 DCNV

该指令的功能是将二进制代码转换成 BCD 码或将 BCD 码转换成二进制代码。该指令格式如图 4-57 所示。

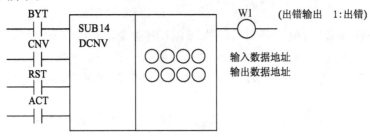

图 4-57　DCNV 指令格式

控制条件如下：

① 指定数据大小：BYT=0 时，处理数据长度为 1 个字节（8 位）；BYT=1 时，处理数据长度为 2 个字节（16 位）。

② 指定数据转换类型：CNV=0 时，二进制转换成 BCD 码；CNV=1 时，BCD 码转换成二进制。

③ 复位：RST=0 时，解除复位；RST=1 时，复位错误，即 W1=1 时，置 RST 为 1，则 W1=0。

④ 执行指令：ACT=0 时，转换数据不执行，W1 不变；ACT=1 时，进行数据转换。

⑤ 错误输出（W1）：W1=0 时，正常；W1=1 时，转换出错。

出错原因：一是被转换数据应是 BCD 码而实际为二进制数据，二是二进制数据转换为 BCD 码时超过预先指定数据的大小（字节长度）。

图 4-58 所示为 DCNV 指令的应用。CNV（R9091.0）为 0 时，将二进制数据转化为 BCD 码，F26 为 CNC 遇到加工程序中的 T 指令后输出的二进制码。例如，加工程序中 T13 表示要求选第 13 号刀，则 F26 的内容 00001101 转换成 BCD 码 00010011，这样 R46 中则存储着已经转换成 BCD 码的刀具号，由此就可以去找刀套号了。

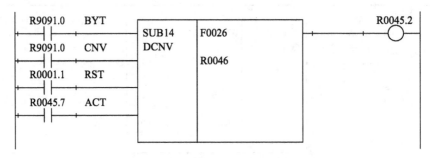

图 4-58　DCNV 指令的应用

14. 信息显示指令 DISPB

DISPB 用于显示外部信息，机床厂家根据具体机床的情况编制机床报警号及信息显示。该指令格式如图 4-59 所示。

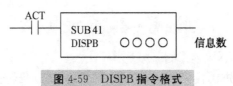

图 4-59　DISPB 指令格式

信息显示条件：ACT=0时，系统不显示任何信息；ACT=1时，依据各信息显示请求地址位(A0～A24)的状态，显示信息数据表中的信息。每条信息最多255个字符，在此范围内编制信息。

显示信息数：设定显示信息的个数。

信息显示功能的编制方法如下：

① 编制信息显示请求地址：信息继电器地址 A0～A24 中编制信息显示，A0.0～A24.7 (SB7 A0.0～A499.7)，每位对应一条信息；信息继电器 A 对应位为1，显示对应信息；信息继电器 A 对应位为0，不显示对应信息。

② 报警信息表如表 4-4 所示。

表 4-4 报警信息表

| 信息号 | CNC屏幕 | 显示内容 |
| --- | --- | --- |
| 1000～1999 | 报警信息屏 | 报警信息<br>● CNC 转到报警状态 |
| 2000～2099 | 操作信息屏 | 操作信息 |
| 2100～2999 | 操作信息屏 | 操作信息(无信息号)<br>● 只显示信息数据，不显示信息号 |

注：信息号 1000～1999，在系统报警画面显示信息号和信息数据，CNC 系统转为报警状态，显示在 ALARM 中，中断当前操作。自动方式时自动停，手动不停，如机床超程、空气压力低等。

信息号 2000～2999，在操作画面显示信息数据，CNC 系统转为报警状态，显示在操作中，不会中断当前操作。如机床润滑报警或主轴使能信号未就绪等。

## 课题三  PMC 控制实例分析

### 一、数控机床工作状态开关 PMC 控制

1. 数控机床状态开关（图 4-60）

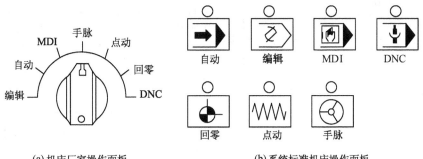

(a) 机床厂家操作面板　　　(b) 系统标准机床操作面板

图 4-60　数控机床状态开关

2. 数控机床状态开关的功能

① 编辑状态(EDIT)：在此状态下，编辑存储到 CNC 内存中的加工程序文件。

② 存储运行状态(MEM)：在此状态下，系统运行的加工程序为系统存储器内的程序。

③ 手动数据输入状态(MDI)：在此状态下，通过 MDI 面板可以编制最多 10 行的程序并执行，程序格式和一般程序一样。

④ 手轮进给状态(HND)：在此状态下，刀具可以通过旋转机床操作面板上的手摇脉冲发生器微量移动。

⑤ 手动连续进给状态(JOG)：在此状态下，持续按下操作面板上的进给轴及其方向选择开关，会使刀具沿着轴的所选方向连续移动。

⑥ 机床返回参考点(REF)：在此状态下，可以实现手动返回机床参考点的操作。通过返回机床参考点操作，CNC 系统确定机床零点的位置。

⑦ DNC 状态(RMT)：在此状态下，可以通过阅读机(加工纸带程序)或 RS-232 通信口与计算机进行通信，实现数控机床的在线加工。

3. 状态开关 PMC 控制梯形图(图 4-61)

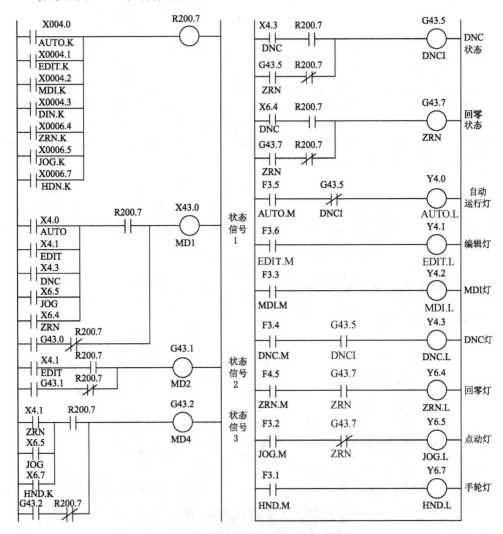

图 4-61 状态开关 PMC 控制梯形图

## 二、数控机床加工程序功能开关 PMC 控制

1. 数控机床加工程序功能开关（图 4-62）

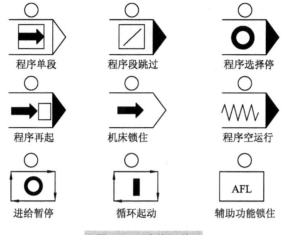

图 4-62　功能开关

2. 数控机床程序功能开关的作用

① 程序再起运行：该功能用于指定刀具断裂或者公休后重新起动程序时，将要起动程序段的顺序号从该段程序重新起动机床，也可用于高速程序检查。程序的重新起动有两种方法：P 型和 Q 型（由系统参数设定）。

② 程序段跳过：在自动运行状态下，当操作面板上的程序段选择跳过开关接通时，有斜杠（/）的程序段被忽略。

③ 程序选择停：在自动运行时，当加工程序执行到 M01 指令的程序段后也会停止。

④ 程序循环起动运行：在存储器方式（MEM）、DNC 运行方式（RMT）或手动数据输入方式（MDI）下，若按下循环起动开关，则 CNC⑤ 进入自动运行状态并开始运行，同时机床上的循环起动灯点亮。

⑤ 程序进给暂停：自动运行期间进给暂停开关按下时，CNC 进入暂停状态并且停止运行，同时，循环起动灯灭。

3. 数控机床加工程序功能开关的 PMC 控制梯形图（图 4-63）

4. 有关手轮的连接

FANUC 的手轮是通过 I/O 单元连接到系统上的，连接手轮的模块设定在名称上一定要设成 16 个字节，后 4 个字节中的前 3 个字节分别对应 3 个手轮的输入界面，当摇动手轮时可以观察到所对应的 1 个字节中有数值的变化，所以应用此画面可以判断手轮的硬件和接口的好坏。另外，当有不同的 I/O 模块设定了 16 个字节后，通常情况下只有连接到第一组的手轮有效（作为第一手轮时，FANUC 最多可连接 3 个手轮），如果需要更改到其他的后续模块，可通过参数 NO 7105♯1、NO 12305～NO 12307 第一至第三手轮分配的 X 地址来设定。

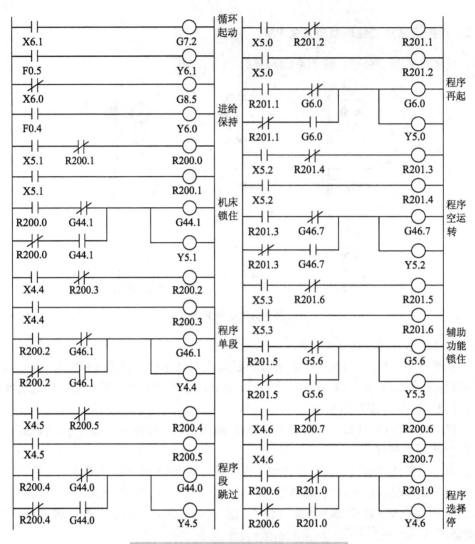

图 4-63 功能开关的 PMC 控制梯形图

5. 地址分配原则

① 地址分配时,注意 X8.4、X9.0～X9.4 等高速输入点的分配要包含在相应的 I/O 模块上。

② 不能有重组号的设定出现,否则会造成不正确的地址输出。

③ 软件的设定组的数量要和实际的硬件连接数量相对应（K906#2 可忽略所产生的报警）。

④ 设定完成后需要保存到 F-ROM 中,同时需要再次上电后才有效。

# 模块五

# 数控机床的装调与验收

## 课题一 数控机床的装调与验收概述

### 一、调试、验收的必要性

① 数控机床在购买时,都签订了一定的标准要求,在机床到位以后必须要检验这些机床是否达到这些标准。

② 数控机床即使在出厂时一切技术参数都符合相关的标准,但是在包装运输过程中,可能会因为各种原因,导致各部分的位置关系发生变化,使得某些零部件磨损或者损坏。

③ 数控机床的精度,不仅受制造环节的影响,而且受机床使用环境、机床安装调试水平的限制。

④ 通过调整机床的相关部件以及相关参数能够改善机床的性能。

### 二、调试、验收的流程

1. 制造厂内验收

保证机床在制造过程中或在制造环节能够达到签订的标准以及用户的需求。

2. 用户方的最终验收

按照合同要求的各项标准以及通行的检验验收标准和检验检测手段进行机床的最终验收,以使机床能够满足用户的生产需要。

### 三、数控机床验收的常见标准

1. 通用类标准

这类标准主要是对数控机床这一大类产品规定了通用的调试验收及检验方法以及对相关检验检测工具的使用,以及涉及的一些具体数据做了规定。

2. 产品类标准

产品类标准是指对具体某种形式的数控机床的检验方法,包括制造和调试验收的具体要求。

在实际的工作中,某一个产品的具体验收方法是由生产厂家和客户在合同签订过程中谈判协商而成的(依据大家都能够接受的标准)。

3. 常见的标准

(1) VDI/DGQ3441(德国);

(2) JIS B6201(日本);

(3) JIS B6336(日本);

(4) JIS B6338(日本)。

## 课题二　数控设备安装的准备工作

**一、准备数控机床安装地基**

① 查阅相关规范。

② 与机床生产厂商联系,索取相关机床对地基的要求、机床外形尺寸以及底座形状和尺寸,并且要求机床生产厂提供机床的地基图。

③ 按照相关规范的要求以及机床厂商提供的机床外形尺寸、机床地基图,准备相关的安装场地以及做好机床安装基础。

**二、准备电源**

数控机床是机电一体化高度集成的设备,其中的控制系统和伺服系统对电源有较高的要求。主要的要求如下:

① 电压波动范围应该在+10%~-15%之间。

② 对于场内有多个用电设备,应该避免多个设备共用一个电源。

③ 对于同一台机床上的不同附件,应该将电源接到统一电源上(通常附件都是由机床自身提供的)。

④ 按照机床厂商提供的机床总功率,准备相应的电源、稳压设备及线缆。

**三、准备气源**

现在数控机床上通常都会有使用压缩空气的附件或者机构,如换刀机构、松紧刀机构等。因此,现在数控机床在工作时一般都要求准备压缩空气以供上述机构使用。对于提供给数控机床的压缩空气,通常会有以下一些要求:

① 压力:应该达到机床厂商提供的压力参数。

② 流量:是指单位时间内流经元件的气体体积。

③ 清洁度:是指气源中的含油量、含灰尘杂质的质量及颗粒大小的指标。

④ 干燥度:是指气源中含水量的多少。

## 课题三　数控设备的开箱

### 一、搬运、拆箱和就位

机床到达用户厂区内,需要将机床从运输工具上卸载下来以及将机床搬运到用户指定的位置。这个过程包括以下几个环节:

1. 拆箱

在这个环节,首先要注意拆箱前包装箱的状态。如果有破损,就要注意有没有损坏机床。如果有条件可以在开箱前用数码相机将包装箱外观拍摄下来。

拆箱时要注意,拆除外包装的顺序,不要使包装箱砸到机床。

2. 吊装

机床吊装应该是一个非常专业的工作,所以应该由专业的吊装人员来完成。但是应该在现场根据机床吊装图确定吊装位并准备适当的吊具(或者生产商会随机提供)。

3. 就位

机床就位是指将机床从卸载现场搬运至机床安装位。机床就位也是一项专业性比较强的工作,因此这项工作也应由专门的人员来完成。用户或者是生产商的技术人员应该指导搬运人员将机床就位时应该安装的地脚螺栓等安装到位,并且将混凝土灌注到位。

### 二、设备和资料清点

1. 设备清点

根据合同对机床铭牌进行核对,看型号是否相符。

2. 设备附件清点

机床在开箱后,很多还没有安装的附件以及随机赠送的附件和零配件需要移交给专人保管,以免遗失。

3. 机床资料清点

数控机床随机的资料比较多,一般有《机械说明书》《操作说明书》《电气手册》《系统操作说明书》《系统编程手册》《系统参数说明书》《系统维护手册》,还包括一些附件的说明书、系统的保修证书等。资料种类比较庞杂,数量繁多,因此必须分门别类地加以登记和保管。

## 课题四　数控设备的安装、调试与验收

### 一、设备的安装

1. 接通电源、气源

按照数控机床铭牌上的要求接入适合的电源。在电源接入数控机床前,必须确认电源

是否符合机床要求。

2. 机床上电

在确认机床接入了正确的电源后,打开机床强电开关,启动系统,确认系统运行正常。根据机床上的某一个电气附件的运行状态,确认机床电源的相序正确与否。

3. 机床安装

在机床上电后,按照机床机械手册的指引,去除机床的紧固件以及支撑部件,去除机床厂商在机床移动部件上涂抹的防锈油或者其他防锈层,安装好防护罩。

4. 机床附件安装

安装机床附件,必须要按照说明书、机床上以及附件上的标识,正确地连接电缆线以及各种各样的管线。通常,每一种附件的电缆及管线的外形尺寸都有差异。即使是没有差异,在附件的电缆及管线上均有一致的标识。在附件安装完成以后,要再次确认每一种附件的运行状态是否正确,如若不然就要调整电源的相序。

## 二、设备的调试

设备的调试主要包括几何精度的调试、位置精度的调试、数控功能的调试等。精度的调试按照机床验收的标准进行,对于不合格的项目,要调整机床相关部件,以期达到预设的要求。

1. 几何精度的调试

(1) 几何精度的调试。

几何精度的调试主要包括工作台运动的真直度、各轴向间的垂直度、工作台与各运动方向的平行度、主轴锥孔面的偏摆、主轴中心与工作台面的垂直度等的调试。

(2) 调试验收几何精度的检具。

常用的检具包括:水平仪(图 5-1)、千分表(图 5-2)及表座、大理石方尺(图 5-3)、标准芯棒(图 5-4)等。

图 5-1 水平仪

图 5-2 千分表

图 5-3 大理石方尺

图 5-4 标准芯棒

(3) 机床真直度检验调试。

将两个水平仪以相互垂直的方式放置在工作台上(其中,一个与 X 向平行,另一个与 Y 向平行),如图 5-5 所示。在检测时将工作台沿 X 向移动,在左、中、右三个点上分别查看水平仪的数据。比较这些数据的差值,使其最大值不超过允差值。

如果机床真直度不能够达到标准要求,可以通过调整机床地脚螺栓,使其达到要求,如图 5-6 所示。在调整地脚螺栓的过程中,必须要把机床看成一个既有一定刚性又有一定塑性的整体。通过调整几个关键的地脚螺栓,将数控机床的真直度调好。

图 5-5 相互垂直放置的水平仪

图 5-6 地脚螺栓的调节

(4) 机床各轴相互间垂直度检测。

现以三轴数控铣削机床为例,讲解三轴间的垂直度的检验与调试。

三轴数控铣削机床一共有三根轴,那么垂直度的检查就要检查三项:$X$、$Y$ 间垂直度,$X$、$Z$ 间垂直度和 $Y$、$Z$ 间垂直度。

检验 $X$、$Y$ 间垂直度的步骤如下:

① 将方尺平放在工作台上。

② 用千分表找平 $X$ 向或者 $Y$ 向任意一边。

③ 用千分表检验另外一边。

④ 两端读数的差值为误差值。

检验 X、Z 间垂直度的步骤如下：

① 将检验方尺沿 X 向放置。

② 将千分表夹持在 Z 轴上。

③ 将表靠在方尺检验面上，沿 Z 轴上下移动。

④ 表在上下的读数的差值即为该项精度的值。

Y、Z 间的垂直度的检验方法和 X、Z 间垂直度的检验方法是一致的，只不过将检验方尺的方向做一个 90°的旋转。

(5) 主轴中心对工作台的垂直度。

如图 5-7 所示，本项精度的检验方法如下：

① 将千分表置于主轴上，将主轴置于空挡或者易于手动旋转的位置上。

② 将千分表环绕主轴旋转，设置并确认千分表的触头相对于主轴中心的旋转半径为 150 mm。

③ 将千分表在工作台上旋转一周，记录下其在前后以及左右的读数差值。

④ 这两组差值反映了主轴相对于工作台面的垂直度。

图 5-7 主轴中心相对于工作台的垂直度检测

(6) 工作台面与 X 向、Y 向运动的平行度。

该项精度由两项组成，即工作台与 X 向运动的平行度与工作台与 Y 向运动的平行度。下面分别介绍如下：

① 工作台与 X 向运动的平行度。

将千分表夹持在 Z 轴上，将表触头置于工作台面上，然后将工作台从 X 原点移至负方向的最远点。其间，读数的最大值以及最小值的差值为其精度值。

② 工作台与 Y 向运动的平行度。

将千分表夹持在 Z 轴上，将表触头置于工作台面上，然后将工作台从 Y 原点移至负方向的最远点。其间，读数的最大值以及最小值的差值为其精度值。

需要提醒的是：在做这一项检查时，要注意梯形槽或者其他能够引起表针跳动的因素。

(7) 梯形槽跳动。

用千分表去拉工作台上的主梯形槽，其读数的最大值和最小值为梯形槽的跳动值。如图 5-8 所示为梯形槽跳动检测时的照片。

图 5-8　梯形槽跳动的检测

(8) 主轴锥孔偏摆。

在主轴上装入测量长为 300 mm 的标准芯棒。用千分表顶住主轴近端和下端 300 mm 处，于主轴旋转过程中千分表变化的最大值，分别为这两处的偏摆测定值。测量方法如图 5-9 和图 5-10 所示。

图 5-9　主轴近端的检测　　图 5-10　主轴远端的检测

(9) 主轴轴向跳动。

将千分表顶住主轴端面，旋转主轴千分表会出现测量值的变动，这一个变动的数值即为主轴轴向跳动，如图 5-11 所示。也可将千分表顶住标准芯棒的下端，旋转主轴，观察千分表的变化。

图 5-11　主轴轴向跳动的检测

2. 位置精度的调试

位置精度就是数控机床各坐标轴在数控装置的控制下,运动部件所能达到的目标位置的准确程度。数控机床的位置精度主要包括以下三项:定位精度、重复定位精度和反向偏差。

定位精度是指机床运行时到达某一个位置的准确程度。该项精度应该是一个系统性的误差,可以通过各种方法进行调整。

重复定位精度是指机床在运行时反复到达某一个位置的准确程度。该项精度对于数控机床则是一项偶然性误差,不能够通过调整参数来进行调整。

反向偏差是指机床在运行时各轴在反向时产生的运行误差。

(1) 位置精度评定的标准。

该项精度评定的标准一般有以下几种:GB/T 1742.1—2000、JIS B6336—1980(日本)、VDI/DGQ3441.3:1994(德国)、NM TBA1977 第 2 版(美国机床协会)。

在以上几种标准中,德国标准和国标的评定方法最为接近,并且在我国的机床验收过程中采用最多的就是 VDI/DGQ3441.3:1994(德国)。

(2) 位置精度检测方法。

根据检验方法,数控机床按照一定的程序运行,用激光干涉仪来检查机床运行是否正确。下面以一个 $X$ 轴行程为 1 000 mm、螺距为 25 mm 的数控机床的 $X$ 轴的检验为例,编制一个检验程序。

```
00001
G91G28X0;
M98 P0002 H7;
M30;
00002
G91 G00 X5.;X-5.;
G04 X6.;
M98 P0003 H20.;
G91 G00 X-5.;X5.;
G04 X6.;
```

```
M98 P0004 H20;
M99;
00003
G91 G00 X-50.;
M99;
00004
G91 G00 X50.;
M99;
```

(3) 位置精度的补偿。

通过以上检验程序,测出数控机床的位置精度值以后可以利用数控机床特有的误差补偿功能,将每一个点上的位置误差尽量减小。每一个系统的补偿方法会有一定的差别,在进行补偿时请遵照说明书的指导进行。

### 三、设备的空运行

设备在做空运行时,主要是为了检验机床在长时间运行过程中,机床各部分的性能能否达到预设要求,各项功能能否正确执行。设备的空运行,主要是进行以下内容的测试:

① 温升检验。
② 主运动和进给运动检验。
③ 动作检验。
④ 安全防护装置和保险装置检验。
⑤ 噪声检验。
⑥ 液压、气动、冷却、润滑系统的检验。

设备空运转的时间应该符合相关规定,并且是连续无故障运行。

### 四、数控机床性能及数控功能检验

#### 1. 机床性能的检验

机床性能主要包括主轴系统性能、进给系统性能、ATC 系统性能、电气装置、安全装置、润滑装置、气液装置及各附属装置等的性能。数控机床性能的检测主要是通过试运转,检验各运动部件及辅助装置在启动、停止和运行中有无异常现象及噪声,润滑系统、油冷却系统以及各风扇等是否正常。

(1) 主轴系统性能。

① 用手动方式选择高、中、低 3 个主轴转速进行 5 次正转和反转的启动和停止动作,检验主轴动作的灵活性和可靠性。同时,观察负载表上的功率显示是否符合要求。

② 用数据输入方式,实测主轴从最低一级转速开始运转,逐级提高到允许的最高转速的各级转数,允差为设定值的 ±10%,同时观察机床是否有振动。主轴长时间高速运转后(一般为 2 h)允许温升达 20 ℃。

③ 连续操作主轴准停装置 5 次,检查动作的可靠性和灵活性。

(2) 进给系统性能。

① 分别对各轴进行手动操作,检验正、反向的低、中、高速进给和快速移动后的启动、停

止、点动等动作的平衡性和可靠性。

② 用 MDI 方式测定 G0 和 G1 下的各种进给速度。

(3) ATC 系统。

① 检查自动换刀系统的可靠性和灵活性,包括在手动操作和自动运行时刀库满负荷条件下(装满各种刀柄)的运动平稳性以及刀库内刀号选择的准确性。

② 根据技术指标,测定自动换刀的时间。

(4) 机床噪声。

机床运转时的总噪声不得超过标准 80 dB。

(5) 电气装置。

在运转前后分别做一次绝缘检查,检查接地线质量,确认绝缘的可靠性。

(6) 数控装置。

检查数控柜的各种指示灯,检查操作面板、电柜冷却风扇等的动作及功能是否正常可靠。

(7) 安全装置。

检查对操作者的安全性和机床保护功能的可靠性,如极限保护开关等。

(8) 润滑装置。

检查定时定量润滑装置的可靠性、润滑油路有无渗漏以及各润滑点的油量分配等功能的可靠性。

(9) 气液装置。

检查气、液路的密封性以及调压功能。

(10) 附属装置。

2. 数控功能的检验

数控功能检验的主要内容有:运动指令功能、准备指令功能、操作功能和显示功能。

数控功能的检验最好是编一程式,让机床在空载下自动运行,这个程式应包括:

① 主轴转动要包括最低、中间和最高转速在内 5 种以上速度的正、反转和停止。

② 各坐标运动要包括最低、中间和高速进给速度以及快速移动,进给范围内要接近全行程。

③ 一般自动加工所用的 G 代码和 M 代码要尽量用到。

④ 自动换刀至少要交换到刀库中三分之二以上的刀号,而且都要装上重量在中等以上的刀具进行交换。

⑤ 必须使用的特殊功能,如测量功能、APC 交换和用户宏程序等。

### 五、数控系统验收

完整的数控系统包括各功能模块、CRT 或 LCD、系统操作面板、机床操作面板、电气控制柜、主轴驱动装置和主轴电动机、进给驱动和进给伺服电动机、位置检测装置及各种连接电缆等。

数控系统验收项目包括以下内容:

(1) 数控系统外观检查;

(2) 控制柜内元件的紧固检查;

(3) 输入电源电压和相序的确认；

(4) 检查直流电压的输出；

(5) 确认数控系统和机床侧的接口；

(6) 确认数控系统各参数的设定；

(7) 接通电源检查机床状态；

(8) 用手轮进给检查各轴的运转情况；

(9) 用准定功能检查主轴的定位。

## 六、切削试件

在完成数控机床的各项精度调试验收后就要进行试件切削。因为对于一台设备，其动态的精度（性能）远比静态精度重要。对于用户来讲，动态的加工性能其实是最重要的。

试件的切削分为两种：一种是标准形式的试件切削，另一种是客户要求的特定产品的切削。标准形式的试件切削通常有 NASA 标准、JB/T8771.7 等形式的试件。

# 模块六

# 数控机床机械结构的故障诊断

机械结构部分的主要组成有床身、立柱、工作台、主轴箱、各导轨、滚珠丝杠螺母副、刀库和换刀机械手等。机械部分出现故障后不会在屏幕上显示故障诊断代码,必须凭借现场维修人员的经验做出正确判断。数控机床机械部分维修花费的时间较长,停机造成的损失相当大,必须给予足够的重视。

数控机床的机械部件具有传动链短、传动精度高、大量采用功能性部件和出现故障后机械维护的难度较大等特点。因此,进行机械部件的故障诊断除了需要熟悉机械部件的结构、故障特征和维修方法和手段外,还要注意数控机床机电之间的内在联系。

数控机床机械机构部分主要出现故障的地方是主轴部件、滚珠丝杠螺母副、导轨、刀库和换刀机械手等部分。

## 课题一　主轴部分故障诊断

数控机床主轴部件的回转精度直接影响到工件的加工精度,主轴部件的准停功能和换刀功能直接影响到数控机床的自动化程度。主轴支承广泛采用滚动轴承支承方式。为了增加轴承支承刚度,滚动轴承一般在预紧状态下工作。

数控铣床和加工中心主轴要在主轴端部安装刀具,主轴前端的两个传动键用于向刀具传递切削扭矩。装刀时刀柄上的键槽必须与传动键对准才能顺利换刀,因此换刀时主轴必须能够在周向准停(准确地停在某一固定位置上),主轴的准停方式现多采用电气准停。

主轴工作时必须进行润滑,一般有固定填充润滑脂和油气强制润滑两种方式。

### 一、主轴部件常见故障形式及排除方法

主轴部件发生故障的主要形式是主轴发热、主轴运转时有噪音、主轴振动大或夹不住刀具等,产生以上故障的主要原因是主轴长期工作产生的磨损,或主轴切削负荷过大,或主轴维护与润滑不良,见表6-1。

表 6-1 主轴部件常见的故障与排除方法

| 序号 | 故障现象 | 故障原因 | 排除方法 |
| --- | --- | --- | --- |
| 1 | 主轴旋转时发热 | 主轴轴承预紧力过大 | 重新调整预紧力大小 |
| | | 轴承磨损或损坏 | 更换新轴承 |
| | | 润滑脂过少或润滑脂变脏 | 更换润滑脂 |
| 2 | 主轴工作时噪声大 | 轴承损坏或齿轮磨损 | 更换新轴承或齿轮 |
| | | 主轴组件动平衡不良 | 重新调整主轴组件动平衡 |
| | | 传动带松弛或磨损 | 调整或更换传动带 |
| 3 | 主轴强力切削时停转 | 传动皮带过松 | 张紧传动皮带 |
| | | 传动皮带使用过久失效 | 更换传动皮带 |
| 4 | 刀具不能夹紧 | 碟形弹簧位移量太小 | 调整碟形弹簧行程长度 |
| | | 弹簧夹头损坏 | 更换新弹簧夹头 |
| | | 碟形弹簧失效 | 更换碟形弹簧 |
| 5 | 刀具夹紧后不能松开 | 打刀缸压力或行程不够 | 调整打刀缸压力或行程开关位置 |
| | | 碟形弹簧压合过紧 | 调整碟形弹簧压紧螺母,减小压合量 |
| 6 | 主轴定向不准 | 主轴定向磁铁位置松动 | 重新紧定或调整主轴定向磁铁位置 |

## 二、主轴部件维修实例

1. 主轴噪声的故障维修

故障现象:车床 CK6140 在 1 200 转时,主轴噪声变大。

分析及处理过程:CK6140 采用的是齿轮变速传动。一般来说,主轴产生噪声的噪声源主要有:齿轮在啮合时的冲击和摩擦产生的噪声、主轴润滑油箱的油不到位产生的噪声、主轴轴承的不良引起的噪声。将主轴箱上盖的固定螺钉松开,卸下上盖,检查油箱的油是否在正常水平。检查该挡位的齿轮及变速用的拔叉,看看齿轮有没有毛刺及啃合硬点,拔叉上的铜块有没有摩擦痕迹,且移动是否灵活。在排除以上故障后,卸下皮带轮及卡盘,松开前后锁紧螺母,卸下主轴,检查主轴轴承,检查中发现轴承的外环滚道表面上有一个细小的凹坑碰伤,更换轴承,重新安装好后,用声级计检测,主轴噪声降到 73.5 dB。

2. 主轴漏油

故障现象:ZJK7532 铣钻床加工过程中出现漏油。

分析及处理过程:该铣钻床为手动换挡变速,通过主轴箱盖上方的注油孔加入冷却润滑油。在加工时只要速度达到 400 r/min 时,油就会顺着主轴流下来。观察油箱油标,油标显示油在上限位置。拆开主轴箱上盖,发现冷却油已注满了主轴箱(还未超过主轴轴承端),游标也被油浸没。可以肯定是油加得过多,在达到一定速度时油弥漫所致。放掉多余的油后主轴运转时漏油问题解决。从外部观察油标正常,是因为加油过急导致游标的空气来不及排出,油将游标浸没,从而给加油者造成假象,导致加油过多,从而漏油。

### 3. 主轴箱渗油

故障现象：CJK6032 车床主轴箱部位有油渗出。

分析及处理过程：将主轴外部防护罩拆下，发现油从主轴编码器处渗出。CJK6032 车床的编码器安装在主轴箱内，属于第三轴，该编码器的油密封采用 O 形密封圈的密封方式。拆下编码器，将编码器轴卸下，发现该 O 形密封圈的橡胶已磨损，弹簧已露出来，是安装 O 形密封圈不当所致。更换密封圈后问题解决。

### 4. 加工件粗糙度不合格

故障现象：CK6136 车床车削工件粗糙度不合格。

分析及处理过程：该机床在车削外圆时，车削纹路不清晰，精车后粗糙度达不到 1.6。在排除工艺方面的因素后（如刀具、转速、材质、进给量、吃刀量等），将主轴挡位挂到空挡，用手旋转主轴，感觉主轴较松。打开主轴防护罩，松开主轴止退螺钉，收紧主轴，锁紧螺母，用手旋转主轴，感觉主轴合适后，锁紧主轴止退螺钉，重新精车削，问题得到解决。

## 课题二　刀库和换刀装置故障诊断

刀库是数控机床贮存刀具的地方，刀库的形式有盘式刀库和链式刀库两种。换刀装置有机械手交换和无机械手交换两种形式，用来在主轴和刀库之间实现刀具交换，机械手换刀结构速度快，无机械手换刀结构简单，价格低廉，但换刀时间稍长。

刀库和换刀装置由于机械机构复杂，使用频繁，是数控机床较容易出现故障的部位。

### 一、刀库和换刀装置常见故障及排除方法

刀库和换刀装置常见的故障是刀库不能转动或转动不到位、刀套不能夹紧刀具、机械手夹刀不稳或机械手运动误差过大等，见表 6-2。刀库和换刀装置还装有机械原点和位置检测装置，由于电气原因造成刀库和换刀装置出现反馈信号错误的机会也很多。

刀库和换刀装置产生故障的原因主要是机械结构磨损和电气元件松动，另外与装配时的调整不到位也有一定关系。

表 6-2　刀库与换刀机械手常见的故障与排除方法

| 序号 | 故障现象 | 故障原因 | 排除方法 |
| --- | --- | --- | --- |
| 1 | 刀库不能转动 | 电机轴与刀库回转轴联轴器松动 | 紧固联轴器螺钉 |
|   | PMC 无输出 | I/O 接口板继电器失效 | 检查 PMC 相应接点信号 |
| 2 | 刀库转动不到位 | 传动机构有误差 | 调整传动机构 |
| 3 | 刀具从机械手中脱落 | 机械手卡紧环损坏或没有弹性 | 更换卡紧环或重新调整 |
|   |   | 刀具超重 | 选择合适的刀具 |
| 4 | 刀具交换时掉刀 | 机械手抓刀时没有到位，就开始拔刀 | 调整机械手臂使手臂爪抓紧刀柄后再拔刀 |

续表

| 序号 | 故障现象 | 故障原因 | 排除方法 |
|---|---|---|---|
| 5 | 机械手换刀速度过快或过慢 | 换刀气缸压力太高或太低或换刀节流阀开口太大或太小 | 调整换刀气动回路压力或流量 |
| 6 | 刀套不能夹紧刀具 | 刀套上调整螺钉松动,或弹簧太松造成卡紧力不足 | 顺时针旋转刀套两边的调整螺母压紧弹簧 |
|  |  | 换刀时主轴箱没有回到换刀点或换刀点产生变动 | 操作主轴箱运动回到换刀位置,或重新设定换刀点 |

### 二、刀库和换刀装置维修案例

**1. 车床刀架转不到位**

故障现象:CK6140 换刀时 3 号刀位转不到位。

分析及处理过程:一般有两种原因,第一种是电动机相位接反,但调整电动机相位线后故障不能排除。第二种是磁钢与霍尔元件高度位置不准。拆开刀架上盖,发现 3 号磁钢与霍尔元件高度位置相差距离较大,用尖嘴钳调整 3 号磁钢与霍尔元件高度,使其与其他刀号位基本一致,重新启动系统,故障排除。

**2. 自动换刀时刀链运转不到位**

故障现象:TH42160 龙门加工中心自动换刀时刀链运转不到位,刀库就停止运转,机床报警。

分析及处理过程:由故障报警知道刀库伺服电动机过载,检查电气控制系统,没有发现什么异常。可以假设刀库链内有异物卡住、刀库链上的刀具太重或润滑不良。经过检查排除了上述可能。卸下伺服电动机,发现伺服电动机不能正常运转,更换电动机,故障排除。

# 课题三 滚珠丝杠螺母副故障诊断

滚珠丝杠螺母副是将进给伺服电机的旋转运动转变成工作台直线运动的转换装置。

滚珠丝杠螺母副是在滚珠丝杠和螺母之间装入滚动体,使滚珠丝杠和螺母之间形成滚动摩擦,具有传动效率高、灵敏度高等特点,滚珠丝杠螺母副一般在预紧状态下工作。

滚珠丝杠螺母副现多采用 60°角接触滚珠丝杠专用轴承支承,可以承受较大的轴向力。

### 一、滚珠丝杠螺母副常见故障及排除方法

滚珠丝杠螺母副损坏后的主要表现形式是螺距误差过大或反向间隙过大。

滚珠丝杠螺母副出现故障的主要原因是长期工作产生的磨损,或是由于外界杂物进入滚珠丝杠螺母副内部研坏滚道或滚动体、两端支承轴承磨损造成反向间隙过大或没有正常维护造成的,见表 6-3。

表 6-3　滚珠丝杠螺母副常见的故障与排除方法

| 序号 | 故障现象 | 故障原因 | 排除方法 |
| --- | --- | --- | --- |
| 1 | 滚珠丝杠螺母副运转时有噪声 | 滚珠丝杠支承轴承磨损 | 更换新轴承 |
| | | 滚珠丝杠和伺服电机连接松动 | 拧紧联轴器锁紧螺钉 |
| | | 滚珠丝杠润滑不良 | 改善润滑条件 |
| | | 滚珠丝杠滚珠有磨损 | 更换滚珠丝杠 |
| 2 | 滚珠丝杠螺母副螺距误差过大或反向间隙过大 | 滚珠丝杠螺母副磨损 | 更换滚珠丝杠和进行螺距误差补正 |
| 3 | 滚珠丝杠转动不灵活 | 轴向预加载荷太大 | 调整轴向预加载荷 |

## 二、滚珠丝杠螺母副维修实例

1. 跟踪误差过大报警

故障现象：XK713 加工过程中 X 轴出现跟踪误差过大报警。

分析及处理过程：该机床采用闭环控制系统，伺服电动机与丝杆采用直联的连接方式。在检查系统控制参数无误后，拆开电动机防护罩，在电动机伺服带电的情况下，用手拧动丝杆，发现丝杆与电动机有相对位移，可以判断是由于电动机与丝杆连接的张紧套松动所致，紧定紧固螺钉后，故障消除。

2. 机械抖动

故障现象：CK6136 车床在 Z 向移动时有明显的机械抖动。

分析及处理过程：该机床在 Z 向移动时，明显感受到机械抖动，在检查系统参数无误后，将 Z 轴电动机卸下，单独转动电动机，电动机运行平稳。用扳手转动丝杆，震动明显。拆下 Z 轴丝杆防护罩，发现丝杆上有很多小铁屑及杂物，初步判断为丝杆故障引起的机械抖动。拆下滚珠丝杠副，打开丝杆螺母，发现螺母反向器内也有很多小铁屑及杂物，造成钢球运转不畅，时有阻滞现象。用汽油认真清洗，清除杂物，重新安装，调整好间隙，故障排除。

# 课题四　导轨部分故障诊断

数控机床的导轨有滚动导轨和贴塑导轨两种结构，数控机床的导向精度和刚度在很大程度上取决于导轨本身的精度和安装精度。

滚动导轨副由导轨体、滑块和滚动体等组成，一般在预紧情况下工作。

## 一、滚珠丝杠螺母副常见故障及排除方法

数控机床导轨的主要失效原因是由于保护不当，异物进入造成研伤，或由于润滑不当造成早期失效。

导轨的主要故障是直线运动精度下降或导轨运动产生爬行等。

导轨常见的故障与排除方法如表 6-4 所示。

表 6-4 导轨常见的故障与排除方法

| 序号 | 故障现象 | 故障原因 | 排除方法 |
|---|---|---|---|
| 1 | 导轨研伤 | 机床长期使用水平度发生变化 | 定期进行床身导轨水平度调整 |
|   |   | 导轨局部磨损严重 | 合理分布工件安装位置,避免负荷集中 |
|   |   | 导轨润滑不良 | 调整导轨润滑油压力和流量 |
|   |   | 导轨间落入赃物 | 加强机床导轨防护装置 |
| 2 | 导轨移动部件运动不良或不能移动 | 导轨面研伤 | 修复导轨研伤表面 |
|   |   | 导轨压板过紧 | 调整压板与导轨间隙 |
| 3 | 导轨水平度和直线度超差 | 导轨直线度超差 | 调整导轨,使允差为 0.015/500 |
|   |   | 机床导轨水平度发生弯曲 | 调整机床安装水平度在 0.02 mm/1 000 之内 |

## 二、导轨副维修实例

1. 车床 $X$ 轴反向间隙过大

故障现象:CK6140 加工圆弧过程中 $X$ 轴出现的加工误差过大。

分析及处理过程:在自动加工过程中,从直线到圆弧时接刀处出现明显的加工痕迹。用千分表分别对车床的 $Z$、$X$ 轴的反向间隙进行检测,发现 $Z$ 轴为 0.008 mm,$X$ 轴为 0.08 mm。可以确定该现象是由 $X$ 轴间隙过大引起的。分别对电动机连接的同步带、带轮等检查且确定无误后,将 $X$ 轴分别移动至正、负极限处,将千分表压在 $X$ 轴侧面,用手左右推拉 $X$ 轴中拖板,发现有 0.06 mm 的移动值。可以判断是 $X$ 轴导轨镶条引起的间隙。松开镶条止退螺钉,调整镶条调整螺母,移动 $X$ 轴,$X$ 轴移动灵活,间隙测试值还有 0.01 mm,锁紧止退螺钉,在系统参数里将"反向间隙补偿"值设为 10,重新启动系统运行程序,上述故障现象消失。

2. 跟踪误差过大报警

故障现象:CJK6136 运动过程中 $Z$ 轴出现跟踪误差过大报警。

分析及处理过程:该机床采用半闭环控制系统,在 $Z$ 轴移动时产生跟踪误差报警,在参数检查无误后,对电动机与丝杠的连接部位进行检查,结果正常。将系统的显示方式设为负载电流显示,在空载时发现电流为额定电流的 40% 左右,在快速移动时就出现跟踪误差过大报警。用手触摸 $Z$ 轴电动机,明显感受到电动机发热。检查 $Z$ 轴导轨上的压板,发现压板与导轨间隙不到 0.01 mm。可以判断是由于压板压得太紧而导致摩擦力太大,$Z$ 轴移动受阻,导致电动机电流过大而发热,快速移动时产生丢步而造成跟踪误差过大报警。松开压板,使得压板与导轨间的间隙在 0.02~0.04 mm 之间,锁紧紧定螺母,重新运行,机床故障排除。

# 课题五　数控机床辅助部分的故障诊断

数控机床的辅助装置部分的主要组成有液压系统、气动系统和润滑系统。

辅助装置部分主要完成数控机床辅助功能的执行任务。辅助装置部分安装有各种传感器，出现故障后，有时可在系统屏幕上显示出故障代码，但其故障原因多由机械运动部分产生，因此，维修起来仍有一定的难度。

## 一、液压系统常见故障及排除方法

数控机床的各种作用力较大的辅助动作主要由液压系统来完成。液压系统是机电液一体化系统，一般由液压泵、阀站和辅助配套部分组成，所以液压系统的故障性质涉及机械、电气与油液等类型。液压系统的常见故障是异常噪音、爬行、液压冲击、压力不够、负载下工作速度达不到或者不运动、工作循环不能正确实现等，这些故障是由液压元件老化、液压油产生污染等原因造成的。

液压系统的常见故障与排除方法如表6-5所示。

表 6-5　液压系统的常见故障与排除方法

| 序号 | 故障部位 | 故障现象 | 故障原因 | 排除方法 |
| --- | --- | --- | --- | --- |
| 1 | 液压泵 | 工作时噪声大或压力有波动 | 进油口滤油器堵塞 | 更换滤油器 |
| | | | 泵体与泵盖纸垫磨损产生冲击 | 泵体与泵盖间加纸垫，研磨泵使泵体与泵盖平直度不超过0.005 mm |
| | | | 泵体与泵盖密封不良，旋转时吸入空气 | 紧固泵体与泵盖连接螺丝，不得有泄漏 |
| | | | 齿轮啮合精度下降 | 更换齿轮 |
| | | 输油量不足 | 轴向间隙或径向间隙过大 | 修磨或更换零件 |
| | | | 油液黏度高或油温过高 | 选用合适的工作油，加装冷却装置 |
| | | | 滤油器堵塞 | 更换滤油器 |
| | | 油泵运转不正常或有咬死现象 | 油泵轴向间隙及径向间隙过小 | 调整轴向、径向间隙 |
| | | | 盖板与轴同心度不好 | 更换盖板，使其与轴同心 |
| | | | 压力阀弹簧变形，阀体小孔堵塞 | 更换弹簧、清洗阀体小孔或更换压力阀 |

续表

| 序号 | 故障部位 | 故障现象 | 故障原因 | 排除方法 |
|---|---|---|---|---|
| 2 | 减压阀 | 工作压力不够 | 溢流阀调定压力偏低 | 调整溢流阀压力 |
| | | | 溢流阀滑阀卡死 | 清洗溢流阀并重新组装 |
| | | 工作流量不足 | 系统供油不足 | 油箱油量不足 |
| | | | 阀内泄漏量大 | 滑阀与阀体配合间隙过大,更换新品 |
| | | 外渗漏 | O形圈损坏 | 更换O形圈 |
| | | | 油口安装法兰面密封不良 | 检查相应部位的紧固和密封 |
| | | | 各结合面紧固螺钉、调压螺钉螺帽松动 | 紧固相应部件 |
| 3 | 换向阀 | 滑阀动作不灵活 | 滑阀被拉坏 | 清洗或修整滑阀与阀孔的毛刺及拉坏表面 |
| | | | 滑阀变形 | 调整安装螺钉压紧力,安装扭矩不得大于规定值 |
| | | | 复位弹簧折断 | 更换弹簧 |
| | | 电磁阀线圈烧损 | 线圈绝缘不良 | 更换电磁铁 |
| | | | 电压低 | 使电压保持在额定电压值 |
| | | | 工作压力和流量超过规定值 | 调整工作压力或采用性能更高的阀 |
| | | | 回油压力过高 | 检查背压,应在规定值1.6 MPa以下 |
| 4 | 液压缸 | 外部漏油 | 活塞杆碰伤拉毛 | 修磨或更换新件 |
| | | | 活塞密封件磨损 | 更换新密封件 |
| | | | 液压缸安装不良 | 调整安装位置 |
| | | 活塞杆爬行 | 液压缸进入空气 | 松开接头,将空气排出 |
| | | | 活塞杆全长或局部弯曲 | 活塞杆全长校正使直线度≤0.3 mm/100 mm或更换活塞 |
| | | | 缸内拉伤 | 修磨油缸内表面,严重时更换缸筒 |

**二、气动系统常见故障及排除方法**

数控机床的气动系统主要完成一些作用力较小的辅助动作。气动系统一般由气源、减压阀、油雾器和气动换向阀组成。

气动系统的主要故障一般是没有要求的动作或漏气,产生这些故障的主要原因是气动元件的密封圈老化,气管老化爆裂,气路中积水没有及时排除,或是空气过滤装置堵塞造成压力下降。另外,PMC控制回路的继电器故障也会造成气动系统产生一定的故障。

气动系统的常见故障与排除方法如表6-6所示。

表 6-6 气动系统的常见故障与排除方法

| 序号 | 故障现象 | 故障原因 | 排除方法 |
| --- | --- | --- | --- |
| 1 | 气缸不能动作 | 气缸工作压力没有达到规定值 | 调整气缸工作压力到要求值 |
| | | 气缸负载比预定数值大 | 减少气缸工作负载 |
| 2 | 气缸工作速度达不到要求 | 气缸活塞动作阻力大 | 检查气缸是否有划伤或变形 |
| | | 活塞密封件损坏 | 更换活塞密封件 |
| | | | 活塞缸连接处螺母松动 |
| | | 缸盖密封件损坏 | 更换缸盖密封件 |
| 3 | 气缸损坏 | 缸体内混入异物拉出伤痕 | 更换气缸 |
| 4 | 减压阀调整失灵 | 调压弹簧失效,阀芯卡住 | 更换调压弹簧 |
| 5 | 调压时升压缓慢 | 分水滤气器堵塞 | 更换分水滤气器滤芯 |
| 6 | 输出压力调不高 | 调压弹簧断裂 | 更换调压弹簧 |

### 三、润滑系统常见故障及排除方法

润滑系统主要完成数控机床的导轨等部分的润滑工作。润滑系统一般由给油器、分配器和油路组成。

润滑系统的主要故障一般是没有润滑油或润滑油油量不足等。产生这些故障的主要原因是给油泵工作不良,油管堵塞,油量不足,或过滤装置堵塞造成压力下降等。另外,PMC控制回路的故障也会使润滑系统产生一定的故障。润滑系统的常见故障与排除方法如表 6-7 所示。

表 6-7 润滑系统的常见故障与排除方法

| 序号 | 故障现象 | 故障原因 | 排除方法 |
| --- | --- | --- | --- |
| 1 | 没有润滑油 | 油路分配器阻塞 | 清理分配器 |
| | | 油管松脱 | 检查后重新安装油管 |
| | | 给油器未工作 | 检查给油泵 |
| 2 | 润滑油液位传感器报警 | 储油器液位低 | 给储油器增添润滑油 |
| 3 | 润滑油量不足 | 给油器工作时间短 | 重新设定给油器工作时间 |

### 四、数控机床辅助装置维修案例

1. 某数控机床液压系统噪声较大

故障现象:在机床大修后发现机床启动后液压泵噪声特别大。

故障分析与处理:拆开液压油管和液压泵,经过检查,发现正常;对液压油进行检查,液压油黏度特别高,初步判定液压油牌号不正确。更换液压油牌号后,故障排除。

2. 某数控车床液压卡盘无法工作

故障现象:某数控车床,在开机后发现液压站发出异响,液压卡盘无法正常装夹。

故障分析与处理:启动液压泵后有异响,而液压站无液压油输出。可能的原因:① 液压站油箱内液压油太少,导致液压泵因缺油而产生空转;② 由于液压站油箱内液压油长久未换,污物进入油中,导致液压油黏度太高而产生异响;③ 由于液压站输出油管某处堵塞,产生液压冲击,发出声响;④ 液压泵与液压电动机连接处产生松动而发出声响;⑤ 液压泵损坏;⑥ 液压电动机轴承损坏。经过逐一检查和排除,最后发现联轴器损坏,更换联轴器后,故障排除。

# 模块七

# 机床电气与 PLC 的故障诊断及维修

## 课题一 机床电气故障诊断与维修

按所使用的元器件的类型，数控机床电气控制系统的故障通常分为"弱电"故障和"强电"故障两大类。数控机床的弱电部分包括 CNC、PLC、MDI/LCD 以及伺服驱动单元、输入/输出单元等。"强电"部分是指控制系统中的主回路或高压、大功率回路中的继电器、接触器、开关、熔断器、电源变压器、电动机、电磁铁、行程开关等电器元件及其所组成的控制电路。"强电"部分虽然维修、诊断较为方便，但由于处于高压、大电流工作状态，且容易受到外界环境中冷却液、油液的浸泡以及磨损、碰撞、鼠害等不利因素的影响，再加上操作人员的非正常操作、电气元件的寿命限制，发生故障的几率要高于"弱电"部分。本节主要讲述数控机床强电控制系统的故障诊断、维修及日常维护。

### 一、电源的配置及故障诊断与维修

1. 电源工作原理分析

电源是数控系统乃至整个机床正常工作的能量来源，它失效或产生故障的直接结果是造成系统停机甚至毁坏整个系统。电网的较大波动和高次谐波以及人为因素的影响，难免会出现由电源引起的故障。另外，数控系统的设定数据以及加工程序等一般存储在 RAM 内，系统断电后靠后备电池来保持。因而，停机时间较长、拔插电源或存储器出现故障都可能造成数据丢失，使系统不能运行。为了使数控机床能够稳定工作，其电源配置应尽量做到以下几点：

① 提供独立的配电箱而不与其他设备串用。
② 电网供电质量较差的地区配备三相交流稳压装置。
③ 电源始端有良好的接地。
④ 电柜内电器元件的布局和交、直流电线的敷设要相互隔离。

由于数控机床采用的控制系统、伺服系统品种较多，对电源的要求也各不相同。不同的机床、控制系统、伺服系统，对电源通、断的控制要求也不尽相同。维修人员首先应该了解数控机床电源配置的实际情况，做到心中有数。图 7-1 所示是配置 FANUC 0i-MC 系统的某加工中心电源配置原理图。

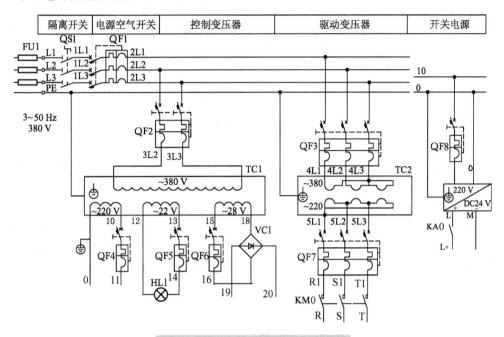

图 7-1　加工中心电源配置原理图

三相 380 V 电源经过隔离开关 QS1 进入数控机床的电气控制柜,隔离开关用于把线路的带电部分和需要停电的线路隔开,在检修设备时形成明显断点,起到安全保护作用,并且减少断电检修的停电范围。但在数控机床发生电气故障时,隔离开关不能自动断开,不起保护作用。隔离开关没有灭弧装置,一般不能用来带负荷启动和停止,所以机床启动时,先接通隔离开关再接通后续负载,断电时则相反,先断开后续负载,再断开隔离开关。

自动空气开关 QF1~QF8 串接在总电路及各控制支路中,作设备的过载及短路保护之用。当某一电机或其他负载发生过载或短路故障时,所在支路的空气开关自动断开,起到安全保护作用,同时,其他支路及总电路的空气开关不受影响,方便维修人员快速查找故障原因。自动空气开关兼有手动开关的作用,在设备调试及检修过程中,可以按照要求有序通电,保证设备安全。要根据所在电路的电压等级、负载容量等合理选择自动空气开关的技术参数,否则线路将无法正常工作。例如,脱扣电流选得太小,在设备正常工作情况下,自动空气开关会频繁跳闸;脱扣电流选得太大,在发生故障时,自动空气开关不工作,无法起到安全保护作用。

TC1 是数控机床的控制变压器,其二次绕组有三种电压输出:~220 V、~22 V、~28 V。其中~220 V 用于数控机床电气控制线路中的接触器线圈、电磁阀线圈、开关电源的输入等,为了保证设备的可靠工作,通过控制变压器提供~220 V 电压给后续负载供电。~22 V 为安全电压,用于机床照明灯的供电,保证机床操作者的安全。~28 V 经整流桥整流为 DC24 V,为机床的控制电路供电。该处 24 V 直流电压也可用于电机抱闸的控制。数控机床的各进给轴均采用滚珠丝杠螺母副把旋转运动转化为直线运动,滚珠丝杠传动精度高,但没有自锁功能,为防止垂直轴在重力作用下滑落,需要有平衡配重和抱闸。当伺服系统准备就绪后,PLC 使继电器线圈通电,其常开触点接通,24 V 直流电压接入,抱闸打开,如图 7-2 所示。

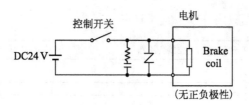

图 7-2 电机抱闸控制

TC2 是数控机床的驱动变压器,将三相 380 V 输入电压变换为三相 200 V 输出电压,给伺服驱动器供电。该变压器不仅起到电压变换的作用,同时还起到隔离作用,也叫做隔离变压器,可以去除低频干扰信号对伺服系统的影响,防止电网的三相不平衡造成对设备的危害。有的伺服驱动器的供电电压即为三相 380 V,不需电压变换就可以直接从电网供电,但是,电源必须经过电抗器再送入电源模块,对于大容量的电源模块,还需要使用滤波器。驱动变压器的功率根据伺服系统的负荷容量来选择。KM0 是控制伺服驱动器电源模块 PSM 通、断电的交流接触器,其线圈通、断由伺服驱动器电源模块 PSM 内部的 MCC 触点控制,如图 7-3 所示,当 MCC 触点接通时,KM0 线圈通电,KM0 的主触点接通,伺服驱动器电源模块 PSM 的主电路电源接通。

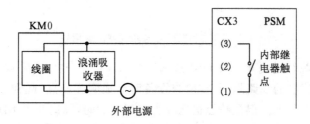

图 7-3 FANUC—0i 驱动器主回路上电控制

24 V 开关电源给数控系统供电,直流电源的质量直接影响系统的稳定运行。开关电源的 220 V 输入电压从变压器 TC1 的输出端取得,DC24 V 电压经继电器 KA0 的常开触点送给数控系统,通过启动按钮 SB2 和停止按钮 SB1 控制数控系统的通电和断电,从而可以避免开关电源通、断电瞬间的电压抖动对数控系统的影响。

2. 电源维修实例

**故障现象**:某数控车床连续发生系统故障,每次新的备件换上后使用不到一周就会出现故障,现象都是开机后显示没有任何内容的黄色屏幕。

**分析与处理过程**:

① 检查机床线路未发现问题,检查接地未发现问题,机床供电电压正常。新系统更换后机床马上可以正常工作。

② 仔细观察机床的加工过程,发现刀架处有大量的冷却液,关机后再次认真检查刀架附近的线路,发现刀架电机 380 V 电缆和直流 24 V 电缆在刀架下方有接头,相互间用电工胶布绝缘,当冷却液进入时,交流电压进入直流回路使系统损坏。

③ 更换有接头的所有电缆并加强防护,机床至今未发生类似故障。

需要提醒的是:一般情况下,检查电源必须在机床断电的情况下进行,如果必须在机床通电的情况下进行检查,用试电笔、万用表、示波器对电源输入/输出端子、强电开关器件、强电接线等可疑点进行检查时，一定要注意人体与大地、机床间的绝缘，防止测试中测试表笔、油污、灰尘或水液等造成极间短路、拉弧打火等现象，以免扩大故障。

## 二、电气控制系统故障诊断与维修

电气原理图主要用来描述电气线路的构成及其工作原理，表明电气控制系统中各电气元件的作用及相互关系，对电气控制系统的安装接线、运行维护、故障分析和维修管理等有重要的作用。大型数控机床的电气图往往有几十页，甚至上百页，数控机床维修人员应该多研读电气图纸，弄清各元器件之间的相互关系及控制信号的来龙去脉，这样才能在机床发生故障时，快速、准确地判断故障原因，解除故障，及时恢复生产。

下面举例说明借助电气原理图，分析电气线路、诊断并排除数控机床电气故障的一般方法。

1. 数控装置无任何输出

故障现象：按数控机床的启动按钮，显示器无显示，数控装置无任何输出。

分析与处理过程：

① 由图 7-1 可知，在各自动空气开关接通的情况下，开关电源的 24 V 直流电压经过 KA0 的常开触点给数控装置供电，由于开关电源和继电器的故障率较高，所以首先检查这两个器件是否正常。

② 常用万用表判定开关电源是否存在故障，在通电的情况下测量其各输出点电压是否正常，若无输出，再测量其输入端有无交流电压。若无交流输入或交流输入不正常，则根据电气原理图，向前检查交流电路是否正常；若交流输入正常，则可判断开关电源故障。

③ 如果开关电源有直流 24 V 电压输出，则测量继电器触点的一端 L+ 和开关电源 M 之间是否有电压输出。如果没有，则可判定是继电器 KA0 有故障；否则，检查至数控装置的电源接线是否可靠。

经检查，KA0 线圈两端电压为 0，进一步检查发现线圈一端电线内部短路，更换此线后，机床工作正常。

2. 各进给轴均不动作

故障现象：按下机床启动按钮，数控装置启动，没有报警显示，但各进给轴均不动作。

分析与处理过程：

① 由图 7-1 可知，伺服驱动器电源模块 PSM 的主回路电源经接触器 KM0 的主触点引入，由图 7-3 可知，KM0 线圈的通断由 PSM 的内部继电器触点控制。

② 在机床正常启动过程中，当数控装置启动完成后，PSM 内部继电器触点接通，应该听到接触器 KM0 吸合的声音，而此时没有听到。

③ 检查接触器 KM0，用万用表测得线圈电压为 0，触点没有吸合，所以各轴均不动作。

④ 根据图 7-3，使用万用表测量 CX3 的 1、3 引脚，发现内部触点已经接通，所以应该是 KM0 接触器线圈的电源故障。

经检查，发现电源在接线端子排上的导线松动，将其旋紧后故障排除。

## 三、数控机床干扰方面的故障与维修

数控机床一般在电磁环境比较恶劣的工业现场使用，电磁干扰较大，而且电气柜中各种电气部件之间,电源电缆、驱动器的动力电缆、信号电缆之间也存在着电磁干扰。干扰会影响数控机床的可靠性和稳定性,是造成数控系统"软"故障且容易被忽视的一个重要因素。因此,为了使数控机床能够稳定、可靠地运行,在数控机床的设计和生产过程中,采取了各种措施提高数控机床的抗干扰能力。

1. 正确连接机床、系统的地线

数控机床对接地的要求通常较高,车间、厂房的进线必须有符合数控机床安装要求的完整接地网络,这是保证数控机床安全、可靠运行的前提条件。接地应采用放射状的连接方式,即每个部件需要将其接地线直接连接到电气柜中的接地汇流排上,不允许串联接地和就近接地,否则会造成多点接地环流,如图7-4所示。接地导线的截面积是一个重要的指标,应根据国家相关的标准(GB5226-1)确定,通常电气柜中各部件接地导线的截面积要大于$6\ mm^2$。在数控机床的使用现场,从电气柜到接地点之间的保护地线应采用铜质导线,接地导线应采用黄绿颜色的标准接地电缆。

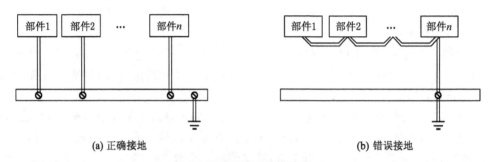

图 7-4　各部件的接地

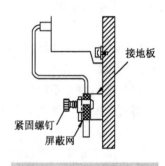

图 7-5　电缆屏蔽网接地

在需要屏蔽的场合必须采用屏蔽线。例如,伺服电机的动力电缆采用屏蔽电缆,特别是主轴电动机的动力电缆一定要采用屏蔽电缆,最好选用原厂配套的动力电缆。伺服电机动力电缆在驱动器一端,电缆的屏蔽喉箍应固定在屏蔽连接架上,减小在电动机运行中动力电缆产生的电磁干扰。也可以将电缆外层的绝缘皮剥开,利用电缆固定支架将电缆的屏蔽网与电气柜中的壳体紧密连接,如图7-5所示。

伺服电机的信号反馈电缆也采用屏蔽电缆,屏蔽网接地可以避免编码器信号受到干扰,并且反馈信号电缆和动力电缆要分开走线,分别接地。

2. 减少电气控制系统内部干扰

数控机床强电柜内的接触器、继电器等电磁部件都是干扰源,交流接触器的频繁通、断,交流电动机的频繁启动、停止,主回路与控制回路的布线不合理,都可能使CNC控制电路产生尖峰脉冲、浪涌电压等干扰,影响系统的正常工作。因此,必须采取以下措施予以消除。

① 在交流接触器线圈的两端、交流电动机的三相输出端上并联RC吸收器,如图7-6(a)、(b)所示。

② 在直流接触器或直流电磁阀的线圈两端,加入续流二极管,如图7-6(c)所示。

③ 在 CNC 的输入电源线间加入浪涌吸收器与滤波器。

④ 三相交流电源的电缆最好能与电气柜中的信号电缆分别布置,允许信号电缆与动力电缆垂直交叉布置,但绝对不能与信号电缆平行布置,且不能放置在同一个走线槽中。

⑤ 绝不能将信号电缆直接经过产生强磁场的装置,如电动机、变压器等。

通过以上办法一般可有效抑制干扰,但要注意的是:抗干扰器件应尽可能靠近干扰源,其连接线的长度原则上不应大于 20 cm。

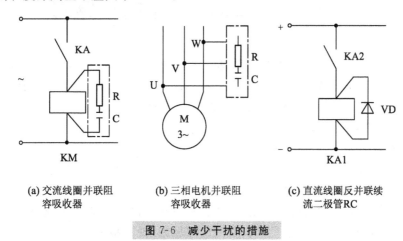

图 7-6 减少干扰的措施

3. 抑制或减小供电线路的干扰

在某些电力不足或频率不稳的场合,电压的冲击、欠压、频率和相位漂移、波形失真、共模噪声及常模噪声等,将影响系统的正常工作,应尽可能减小线路上的此类干扰。防止供电线路干扰的具体措施一般有以下几点:

① 对于电网电压波动较大的地区,应在输入电源上加装电子稳压器。

② 线路的容量必须满足机床对电源容量的要求。

③ 避免数控机床和电火花设备频繁启动、停止的大功率设备共用同一干线。

④ 安装数控机床时应尽可能远离中频炉、高频感应炉等变频设备。

4. 干扰维修实例

故障现象:某配套 FANUC 0i-MC 的立式加工中心,在回参考点时出现参考点位置不稳定,参考点定位精度差的故障。

分析与处理过程:

① 参考点定位精度差,可能的原因是编码器零位脉冲不良或回参考点速度太低。由于参考点零位脉冲检查需要有示波器进行,维修时一般可以先检查回参考点速度和位置增益的设置。

② 经检查该机床在手动方式下工作正常,参考点减速速度、位置环增益设置正确,测量编码器 +5 V 电压正常,回参考点的动作过程正确。因此,可以初步判定故障是由于编码器零位脉冲受到干扰而引起的。

③ 在参数设置正确时,可能的原因为"零脉冲"信号不良。由于零位脉冲的信号脉宽较窄,它对干扰十分敏感,因此必须针对以下几方面进行检查:编码器的供电电压必须在 +5 V±0.2 V 的范围内,当小于 4.75 V 时,将会引起"零脉冲"的输出干扰;编码器反馈的屏蔽线必须可靠连接,并尽可能使位置反馈电缆远离干扰源与动力线路;编码器本身的"零

脉冲"输出必须正确,满足系统对零位脉冲的要求;参考点减速开关所使用的电源必须平稳,不允许有大的脉动。

④ 进一步检查发现,该轴编码器连接电缆的屏蔽线脱落,重新连接后,参考点定位恢复稳定,定位精度达到原机床要求。

# 课题二 PLC故障诊断与维修

PLC是CNC与数控机床之间信号传递与处理的中间环节,如前所述,机床侧的开关、按键、传感器等输入信号首先送给PLC处理;CNC对机床侧的控制信号也要经过PLC传递给机床侧的继电器、接触器、电磁阀、指示灯等电器元件;PLC还要把指令执行的结果及机床的状态反馈给CNC。如果这些信号中的任何一个没有到位,任何一个执行元件没有按照要求动作,机床都会出现故障,而机床侧的输入、输出元件是数控机床上故障率较高的部分,在数控机床的故障中,和PLC相关的故障占有较高的比率。所以,掌握通过PLC进行数控机床故障诊断的方法非常重要。

与PLC相关的故障主要有三种表现形式:有明确的报警信息,通过报警信息可直接找到故障原因;有报警信息,但不能反映真正的故障原因;没有报警信息及故障提示。对于后两种情况可以利用数控系统的自诊断功能、PLC梯形图在线监控功能以及PLC输入、输出状态分析判断故障原因,这是通过PLC进行故障诊断的常用方法。

## 一、FANUC 0i系统通过PMC进行故障诊断与维修

1. PMC故障诊断的步骤

FANUC 0i系统提供了强大的系统功能,用于PMC程序的编辑、监控及诊断,帮助调试及维修人员快速、准确地查找故障原因。掌握通过PMC进行故障诊断的方法,首先应了解如何使用PMC监控及诊断功能。

① 按下MDI键盘上的System键,显示如图7-7所示的界面。

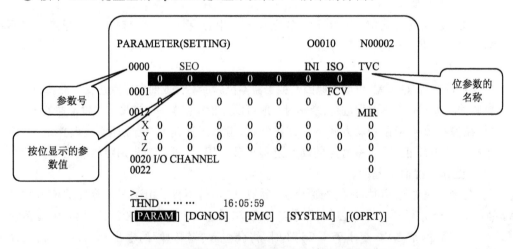

图7-7 FANUC 0i系统的SYSTEM界面

② 按 PMC 软键,显示如图 7-8 所示的界面。此时显示的是 PMC 控制系统菜单,其中的后 5 项按扩展键可显示。

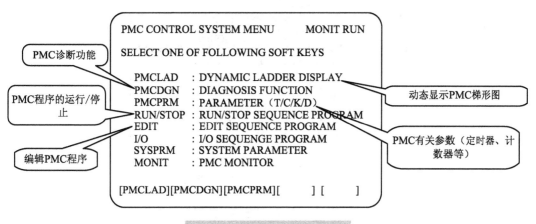

图 7-8 PMC 控制系统菜单

③ 按如图 7-8 所示画面中的 PMCLAD 软键可进入如图 7-9 所示的画面,动态显示 PMC 梯形图,显示各触点、线圈的状态,接通的触点、线圈用粗线显示,未接通的则用细线显示。通过此画面,可以实时监控 PMC 与 CNC、机床之间各个信号的状态以及对梯形图运行结果的影响,从而帮助维修人员分析、判断数控机床故障的原因。如果梯形图程序设置了密码,则不能显示和编辑,除非输入正确的密码。

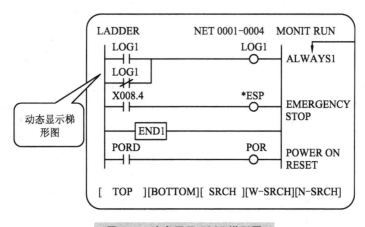

图 7-9 动态显示 PMC 梯形图

④ 按下图 7-8 所示画面中的 PMCDGN 软键,进入如图 7-10 所示的 PMC 诊断画面。

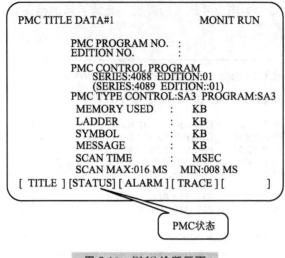

图 7-10 PMC 诊断画面

⑤ 按 STATUS 软键,显示图 7-11 所示的 PMC 信号状态,可以动态显示 PMC 与 CNC 及机床之间各信号的状态。

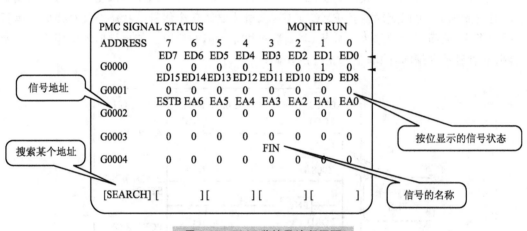

图 7-11 PMC 监控及诊断画面

⑥ 按下图 7-8 所示画面中的 PMCPRM 软键,可以显示和设定定时器、计数器、保持型继电器及数据表中的数据,如图 7-12 和图 7-13 所示。

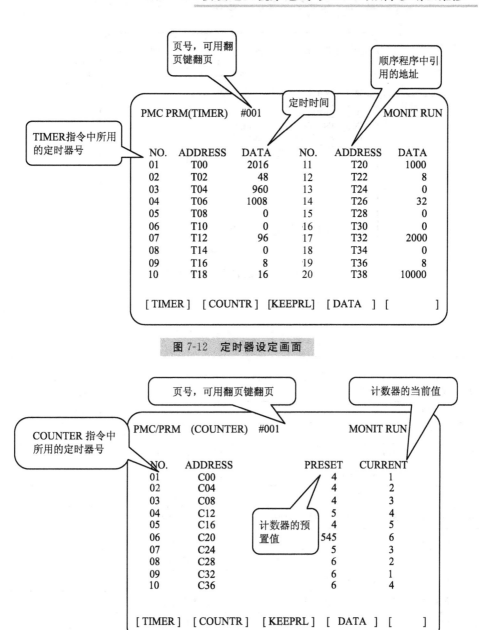

图 7-12 定时器设定画面

图 7-13 计数器设定画面

⑦ 如果按下图 7-7 所示的画面中的 DGNOS 软键，显示图 7-14 所示的系统诊断画面。

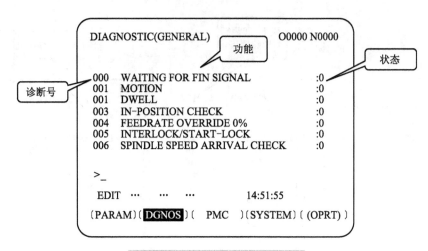

图 7-14 系统的诊断功能画面

不同的诊断号代表不同的含义,如表 7-1 所示。

表 7-1 诊断号及其含义

| 诊断号 | 显 示 | 状态为 1 时的含义 |
|---|---|---|
| 000 | WAITING FOR SIGNAL | 正在执行 M、S、T 辅助功能,等待完成信号 FIN |
| 001 | MOTION | 自动运行方式下,正在执行移动指令 |
| 002 | DWELL | 正在执行暂停指令 |
| 003 | IN-POSITIN CHECK | 正在执行到位检测 |
| 004 | FEEDRATE OVERRIDE 0% | 切削进给倍率 0% |
| 005 | INTERLOCK/START-LOCK | 互锁接通 |
| 006 | SPINDLE SPEED ARRIVAL CHECK | 主轴速度到达信号检测 |
| 010 | PUNCHING | 正在输出数据 |
| 011 | READING | 正在输入数据 |
| 012 | WAITING FOR (UN)CLAMP | 等待工作台加紧或松开 |
| 013 | JOG FEEDRATE OVERRIDE 0% | 手动进给倍率 0% |
| 014 | WAITING FOR RESET ESP RRW OFF | NC 处在复位状态 |
| 015 | EXTERNAL PROGRAM NUMBER SEARCH | 外部程序号检索 |
| 020 | CUT SPEED UP/DOWN | 发生急停或者伺服报警 |
| 021 | RESET BUTTON ON | 复位键信号接通 |
| 022 | RESET AND REWIND ON | 复位和倒带信号接通 |
| 023 | EMERGENCY STOP ON | 急停 |
| 024 | RESET ON | 外部复位 |
| 025 | STOP MOTION OR DWELL | 停止脉冲分配 |

⑧ 当发送了某个指令,而这个指令看起来没有执行时,可以通过诊断号 000 到 015 观察系统内部状态。当自动运行停止或暂停时,可以通过诊断号 020 到 025 确定系统的内部

状态,图 7-15 列出了这几个诊断号的不同组合对应的不同情况。

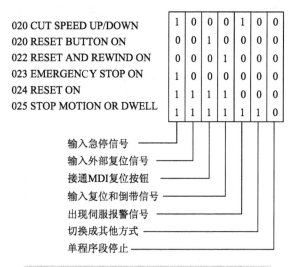

图 7-15　诊断号 020 到 025 的不同状态组合

2. PMC 故障维修实例

(1) 加工过程中断。

故障现象:一数控机床在自动运行状态中,每当执行 M8(切削液喷淋)这一辅助功能指令时,加工程序就不再往下执行了。此时,管道是有切削液喷出的,系统无任何报警提示。

分析与处理过程:

① 调出诊断功能画面,发现诊断号 000 为 1,即系统正在执行辅助功能,切削液喷淋这一辅助功能未执行完成(在系统中未能确认切削液是否已喷出,而事实上切削液已喷出)。

② 查阅电气图,发现在切削液管道上装有流量开关,用以确认切削液是否已喷出。在执行 M8 这一指令并确认有切削液喷出的同时,在 PMC 程序的信号状态监控画面中检查该流量开关的输入点 X2.2,而该点的状态为 0(有喷淋时应为 1),于是故障点可以确定为在有切削液正常喷出的同时这个流量开关未能正常动作所致。

③ 因此重新调整流量开关的灵敏度,对其动作机构喷上润滑剂,防止动作不灵活,保证其能可靠动作。在做出上述处理后,进行试运行,故障排除。

(2) 回参考点异常。

故障现象:某台数控车床通电后进行 Z 轴回参考点操作,回参考点速度很慢,无论怎么执行,每次都出现急停报警。

分析与处理过程:

① 经过仔细观察,在回参考点的过程中,Z 轴移动速度一直不变,减速挡铁压到减速开关,但是速度没有变化。

② 这时在 PMC 接口地址诊断界面中观察发现 Z 轴减速信号(X9.1)一直为"0",经过进一步检查,确认减速开关正常,检查 X9.1 的接线是否正常,再检查减速开关中的 24 V 电源线,发现电气柜中该电源接头在接线端子上接触不良,故信号 X9.1 总是"0"。

③ FANUC 数控机床回参考点的正确过程如图 7-16 所示。有故障时,由于 X9.1 一直为"0",相当于减速开关被撞块压下的状态,所以 Z 轴回参考点时速度一直很低,减速开关

根本没有作用，CNC 一直在等待减速开关信号 X9.1 变成"1"，只有它变成"1"才能在编码器一转信号处停止，并完成回参考点操作。由于 24 V 电源端子断开，X9.1 无法变成"1"，所以机床一直移动，直到超程，产生急停报警。

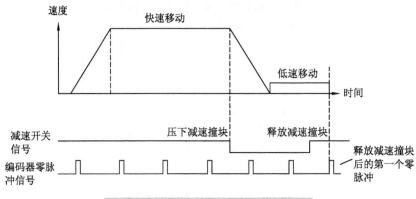

图 7-16　FANUC 车床回参考点过程

（3）回参考点有减速，但是不能回参考点。

故障现象：一台 FANUC 0i 系统的加工中心，在回参考点过程中，出现 X 轴正向超程报警，有减速过程，反复操作不能回参考点，并出现同样的报警信息，该加工中心采用的是挡块方式回参考点。

分析与处理过程：由于有减速过程，考虑在减速后没有接收到零基准脉冲信号，如果是这样，有两种可能：一是光栅在回基准点过程中没有发现基准点脉冲信号，或回基准点标记失效，或由基准点标记选择的回基准点脉冲在传输或处理过程中丢失，或测量系统硬件故障对回基准点脉冲信号无鉴别或处理能力；二是减速开关与回基准点标记位置错位，减速开关复位后，没有出现基准点标记。

对相关参数逐一检查后无改变和丢失的情况下，用手直接压下各开关，在 PMC 地址 X1009.0 中确认减速信号由"0"变为"1"，说明功能完好。根据故障现象，可知超程信号也完好，重点应检查基准点信号，排除因信号丢失或元器件损坏的可能。其减速开关、参考点开关的距离已经由厂家标准设定，参考计数器容量和标准一致，一般在维护过程中不做变动或修改。遵循由易到难的原则，首先看是否是基准点标记的识别能力已经下降或丧失所致。将参数 1425（碰减速挡块后的回零速度）的 X 值由原来的 200 修改为 100，为保证各轴运动平衡，将其他轴的回零速度同时设定为 100，试回参考点，机床恢复正常。因此，造成该故障的原因是由于基准点标记识别能力已经降低，导致机床回参考点失败直到压合硬限位。

（4）程序执行中止。

故障现象：一配备 FANUC 0i-MC 系统的数控机床，在执行 G90 G01 Z0 时，无故停止，进行系统复位，再次执行到这一段时又停止，无任何报警。

分析与处理过程：

① 调出诊断功能画面，发现 005 为 1，说明系统处于各伺服轴互锁状态或启动锁住信号被输入。

② 当 PMC 的以下信号为 0 时机床进入伺服轴互锁状态。

G8.0　　　禁止所有伺服轴移动

G130.0　　禁止系统定义的第一伺服轴移动
G130.1　　禁止系统定义的第二伺服轴移动
G130.2　　禁止系统定义的第三伺服轴移动

③ 打开 PMC 状态表,检查上述伺服轴互锁信号,发现 G130.0 为 0,而 Z 轴是系统定义的第一轴。

④ 打开 PMC 梯形图,从梯形图查找使 G130.0 为 0 的原因,发现和刀架抬起、落下到位的接近开关信号有关。

⑤ 检查两个接近开关,发现刀架已落下到位,而抬起到位开关因沾有铁屑发出错误信号。

### 二、西门子 802D 系统通过 PLC 进行故障诊断

西门子 802D 系统提供了强大的系统功能,用于 PLC 程序的编辑、监控及诊断,帮助调试及维修人员快速、准确地查找故障原因。掌握通过 PLC 进行故障诊断的方法,首先应了解如何使用 PLC 的监控及诊断功能。

按下 MDI 键盘上的 SYSTEM 键,显示图 7-17 所示的画面。

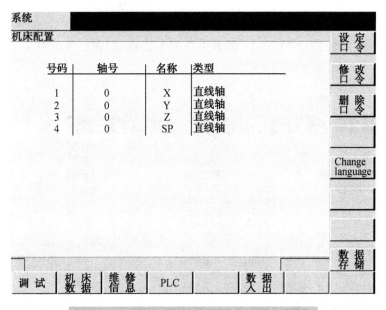

图 7-17　西门子 802D 系统的 SYSTEM 界面

按 PLC 软键,显示如图 7-18 所示的画面,可以使用诊断功能,并可以调试 PLC。STEP7 连接功能可以使 PLC 与外部 S7-200 编程软件包进行通信,如果系统上的 RS232 接口正用于数据传送,则必须等到数据传送结束后,才可通过该接口使系统与编程软件包进行连接。

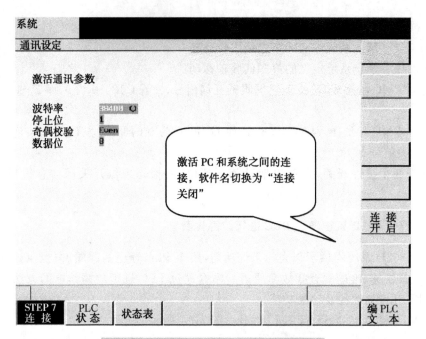

图 7-18  西门子 802D 系统的 PLC 画面

按 PLC 状态软键,显示如图 7-19 所示的 PLC 状态画面,在相应的输入区输入符号名称或者操作地址,屏幕显示信号的当前值。

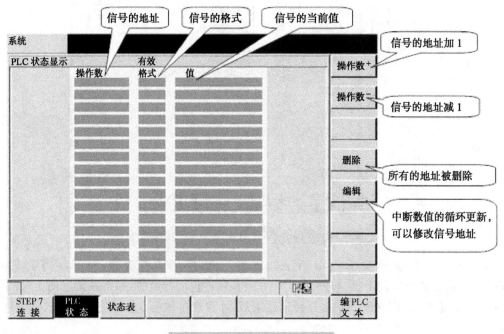

图 7-19  PLC 状态显示画面

按状态表软键,显示图 7-20 所示的 PLC 状态表,用此功能可以很快查找到 PLC 信号,并可进行观察和修改。该画面缺省设定下显示 3 个表:输入端、标志、输出端,起始地址为 0。可以通过编辑板软键显示其他区域,并设定新的起始地址。

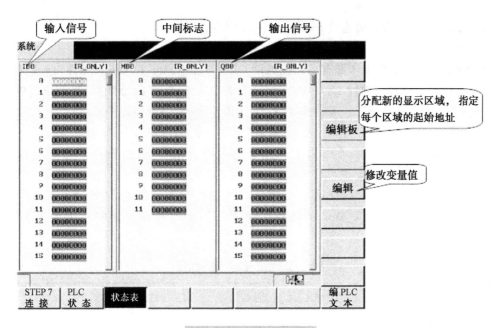

图 7-20 PLC 状态表

考虑 PLC 程序的安全,早期的 802D 系统不具有梯形图在线显示功能。而后期的 802D 系统为了方便调试维修则增加了该功能,用户可以直接打开梯形图并实时监控其运行状态,但不能在线编辑、修改梯形图程序,要借助 PLC 编程工具软件 Programming Tool PLC 802,在 PC 上进行编辑和修改,然后通过通信电缆或存储卡传输给 CNC 系统,如图 7-21 所示。

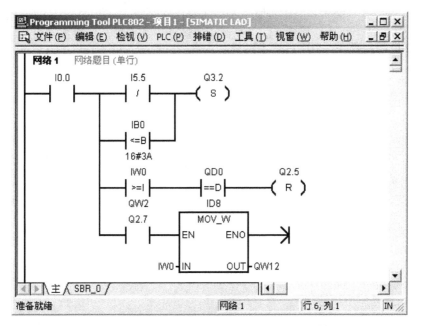

图 7-21 Programming Tool PLC 802 界面

下面通过两个实例介绍通过 PLC 进行故障诊断的方法。

1. 换刀超时报警

故障现象：某台数控车床配有八工位电动刀架，刀位检测开关为霍尔元件，1～8 八个刀位对应着 802D I/O 接口地址 I7.0～I7.7。选刀时电机正转，刀盘松开旋转，到位后电机反转，刀盘夹紧，反转延时断开。有一次执行 T7 选刀指令时，刀盘旋转不停，结果出现 700014 号报警，内容为换刀超时。

分析与处理过程：700000 号以上的报警均为用户报警，是按机床厂根据机床的工作要求编制的。802D 系统提供了 64 个位地址，可以用来编制 64 个用户报警，如表 7-2 所示，每个用户报警号由数据区一个相应的位信号触发。例如，产生 700014 号报警时，则说明其对应的 V16000000.4 位信号被置"1"，而这些信号的状态则由 PLC 程序决定。

表 7-2　用户报警号对应的地址

| 1600 Byte | 送至 HMI（人机界面）的信号　　PLC→HMI（可读/写） | | | | | | | |
|---|---|---|---|---|---|---|---|---|
| | Bit7 | Bit6 | Bit5 | Bit4 | Bit3 | Bit2 | Bit1 | Bit0 |
| 16000000 | 700007 | 700006 | 700005 | 700004 | 700003 | 700002 | 700001 | 700000 |
| 16000001 | 700015 | 700014 | 700013 | 700012 | 700011 | 700010 | 700009 | 700008 |
| …… | …… | | | | | | | |
| 16000007 | 700063 | 700062 | 700061 | 700060 | 700059 | 700058 | 700057 | 700056 |

查看 PLC 控制程序，如图 7-22、图 7-23 所示。

# 模块七 机床电气与PLC的故障诊断及维修

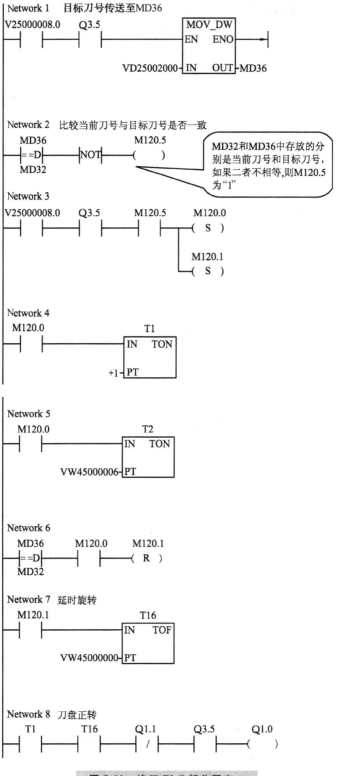

图 7-22 换刀 PLC 部分程序一

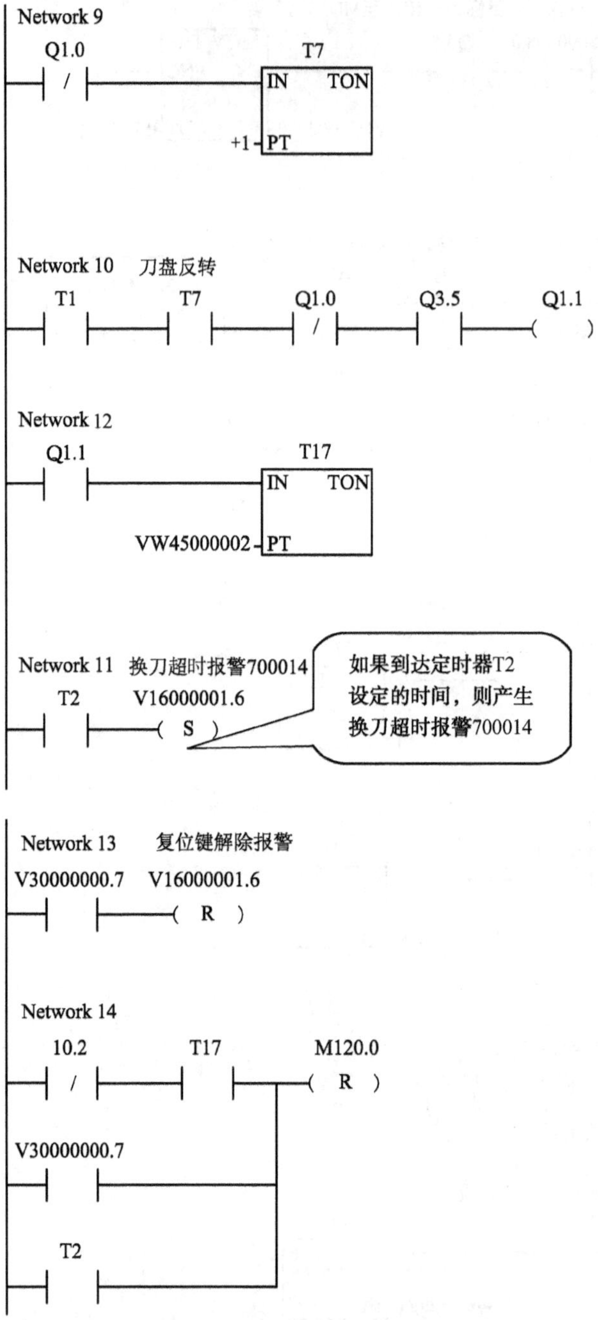

```
Network 9
  Q1.0              T7
  ──/──         ──IN    TON──
                +1──PT


Network 10    刀盘反转
  T1      T7      Q1.0    Q3.5    Q1.1
  ──┤├──  ──┤├──  ──/──   ──┤├──  ──( )──


Network 12
  Q1.1              T17
  ──┤├──         ──IN    TON──
             VW45000002──PT


Network 11    换刀超时报警700014
  T2      V16000001.6
  ──┤├──  ──( S )──
```

> 如果到达定时器T2设定的时间，则产生换刀超时报警700014

```
Network 13    复位键解除报警
  V30000000.7   V16000001.6
  ──┤├──        ──( R )──


Network 14
  10.2    T17     M120.0
  ──/──   ──┤├──  ──( R )──
  V30000000.7
  ──┤├──
  T2
  ──┤├──
```

图 7-23 换刀 PLC 部分程序二

① 在 PLC 接口地址上观察发现 M120.5 一直为"1"，即当前刀号始终和目标刀号不一致。查看数据表中 MD36 显示为目标刀号 7，再观察 IB7 地址上的第六位数据 I7.6（7 号刀位信号），刀盘旋转时该位一直为"0"。

② 打开刀架防护查看传感器，以人为的方法使其感应，I7.6 仍一直为"0"。用万用表直接在开关处测状态仍没有变化，说明这个感应开关已坏。

③ 更换开关后,换刀动作能正常完成。

2. 换刀无法完成

故障现象:加工中心在换刀时,刀库伸出后,换刀过程停止,无系统报警也无用户报警,数控系统提示"等待使能"。

分析与处理过程:换刀的过程取决于每一个换刀动作的完成情况,如果一个动作没有完成,下一个动作不能继续。刀库伸出或刀库缩回都应该有到位检测传感器。上述情况有两种可能的原因:一是传感器故障,不能发出到位检测信号,所以换刀过程停止;二是推动刀库伸出的液压或气动系统的压力不足,刀库没有完全到位,因而传感器没有得到到位信号,换刀过程不能继续。设计数控机床时可在刀库互锁时增加相应的信息提示,比如,"没有刀库伸出到位信号,换刀过程等待",或者"压力不足,刀库伸出不能到位"。由此也可以得到结论,最有效的诊断是设计出来的,如果没有提示信息,诊断故障的难度和工作量都非常大。

最后通过检查发现,传感器损坏,更换传感器后,故障得以排除。

# 模块八

# 数控机床维护与保养

## 课题一 数控机床维护与保养的目的和意义

数控机床是一种综合应用了计算机技术、自动控制技术、自动检测技术和精密机械设计和制造等先进技术的产物,是技术密集度及自动化程度都很高的、典型的机电一体化产品。与普通机床相比较,数控机床不仅具有零件加工精度高、生产效率高、产品质量稳定、自动化程度极高的特点,还可以完成普通机床难以完成或根本不能加工的复杂曲面的零件加工,因而数控机床在机械制造业中的地位显得愈来愈重要。我们甚至可以这样说,在机械制造业中,数控机床的档次和拥有量是反映一个企业制造能力的重要标志。

但是,应当清醒地认识到:在企业生产中,数控机床能否达到加工精度高、产品质量稳定、提高生产效率的目标,这不仅取决于机床本身的精度和性能,很大程度上也与操作者在生产中能否正确地对数控机床进行维护、保养和使用密切相关。

与此同时,还应当注意到,数控机床维修的概念,不能单纯地理解为数控系统或者是数控机床的机械部分和其他部分在发生故障时,仅仅依靠维修人员排除故障和及时修复,使数控机床能够尽早地投入使用就可以了,还应包括正确使用和日常保养等工作。

综上所述,只有坚持做好对机床的日常维护保养工作,才可以延长元器件的使用寿命,延长机械部件的磨损周期,防止意外恶性事故的发生,争取机床长时间稳定工作;也才能充分发挥数控机床的加工优势,达到数控机床的技术性能,确保数控机床能够正常工作。因此,无论是对数控机床的操作者,还是对数控机床的维修人员来说,数控机床的维护与保养都显得非常重要,我们必须高度重视。

## 课题二 数控机床维护与保养

### 一、数控机床维护与保养的基本要求

数控机床的维护与保养的基本要求主要包括以下几个方面:

1. 思想上高度重视数控机床的维护与保养工作

我们不能只管操作,而忽视对数控机床的日常维护与保养。

2. 提高操作人员的综合素质

使用数控机床比使用普通机床的难度要大,因为数控机床是典型的机电一体化产品,它涉及的知识面较宽,即操作者应具有机、电、液、气等更宽广的专业知识;再有,由于数控机床电气控制系统中的 CNC 系统升级、更新换代比较快,操作人员如果不定期参加专业理论培训学习,则不能熟练掌握新的 CNC 系统应用。为此,必须对数控操作人员进行定期培训,使其对机床原理、性能、润滑部位及其方式进行较系统的学习,为更好地使用机床奠定基础。同时在数控机床的使用与管理方面,制定一系列切合实际、行之有效的措施。

3. 要为数控机床创造一个良好的使用环境

由于数控机床中含有大量的电子元件,它们最怕阳光直接照射,也怕潮湿、粉尘和振动等,这些均可使电子元件受到腐蚀、变坏或造成元件间的短路,引起机床运行不正常。为此,对于数控机床的使用环境应做到清洁、干燥、恒温和无振动;对于电源应保持稳压,一般只允许 $\pm 10\%$ 的波动。

4. 严格遵循正确的操作规程

无论是什么类型的数控机床,它都有一套自己的操作规程,这既是保证操作人员人身安全的重要措施之一,也是保证设备安全、使用产品质量等的重要措施。因此,使用者必须按照操作规程正确操作。如果机床是第一次使用或长期没有使用,应先使其空转几分钟,并要特别注意使用中开机、关机的顺序和注意事项。

5. 在使用中尽可能提高数控机床的开动率

对于新购置的数控机床应尽快投入使用,设备在使用初期故障率相对来说往往大一些,用户应在保修期内充分利用机床,使其薄弱环节尽早暴露出来,在保修期内得以解决。如果缺少生产任务,也不能空闲不用,要定期通电,每次空运行 1 h 左右,利用机床运行时的发热量来去除或降低机内的湿度。

6. 要冷静对待机床故障,不可盲目处理

机床在使用中不可避免地会出现一些故障,此时操作者要冷静对待,不可盲目处理,以免产生更为严重的后果,要注意保留现场,待维修人员来后如实说明故障前后的情况,并共同分析问题,尽早排除故障。若故障属于操作原因,操作人员要及时吸取经验,避免下次犯同样的错误。

7. 制定并且严格执行数控机床管理的规章制度

除了对数控机床的日常维护外,还必须制定并且严格执行数控机床管理的规章制度。规章制度主要包括定人、定岗和定责任的"三定"制度,定期检查制度,规范的交接班制度等,这也是数控机床管理、维护与保养的主要内容。

## 二、数控机床维护与保养的点检管理

由于数控机床集机、电、液、气等技术为一体,所以对它的维护要有科学的管理手段,有目的地制定出相应的规章制度。对维护过程中发现的故障隐患应及时清除,避免停机待修,从而延长设备平均无故障时间,增加机床的利用率。开展点检是数控机床维护的有效办法。

以点检为基础的设备维修是日本在引进美国的预防维修制的基础上发展起来的一种点检管理制度。点检就是按有关维护文件的规定,对设备进行定点、定时的检查和维护。其优点是可以把出现的故障和性能的劣化消灭在萌芽状态,防止过修或欠修,缺点是定期点检工作量大。这种在设备运行阶段以点检为核心的现代维修管理体系,能达到降低故障率和维修费用、提高维修效率的目的。

我国自 20 世纪 80 年代初引进日本的设备点检定修制,把设备操作者、维修人员和技术管理人员有机地组织起来,按照规定的检查标准和技术要求,对设备可能出现问题的部位,定人、定点、定量、定期、定法地进行检查、维修和管理,保证了设备持续、稳定地运行,促进了生产发展,提高了经营效益。

数控机床的点检是开展状态监测和故障诊断工作的基础,主要包括下列内容:

① 定点:首先要确定一台数控机床有多少个维护点,科学地分析这台设备,找准可能发生故障的部位。只要把这些维护点"看住",有了故障就会及时发现。

② 定标:对每个维护点要逐个制定标准,如间隙、温度、压力、流量、松紧度等,都要有明确的数量标准,只要不超过规定标准就不算故障。

③ 定期:多长时间检查一次,要定出检查周期。有的点可能每班要检查几次,有的点可能一个或几个月检查一次,要根据具体情况确定。

④ 定项:每个维护点检查哪些项目也要有明确规定。每个点可能检查一项,也可能检查几项。

⑤ 定人:由谁进行检查,是操作者、维修人员还是技术人员,应根据检查部位和技术精度要求,落实到人。

⑥ 定法:怎样检查也要有规定,是人工观察还是用仪器测量,是采用普通仪器还是精密仪器。

⑦ 检查:检查的环境、步骤要有规定,是在生产运行中检查还是停机检查,是解体检查还是不解体检查。

⑧ 记录:检查要详细做记录,并按规定的格式填写清楚。要填写检查数据及其与规定标准的差值、判定依据、处理意见,检查者要签名并注明检查时间。

⑨ 处理:检查中间能处理和调整的要及时处理和调整,并将处理结果记入处理记录。没有能力或没有条件处理的,要及时报告有关人员,安排处理。但任何人、任何时间处理都要填写处理记录。

⑩ 分析:检查记录和处理记录都要定期进行系统分析,找出薄弱"维护点",即故障率高的点或损失大的环节,提出意见,交给设计人员进行改进设计。

从点检的要求和内容上看,点检可分为专职点检、日常点检和生产点检三个层次,数控机床点检维修过程示意图如图 8-1 所示。

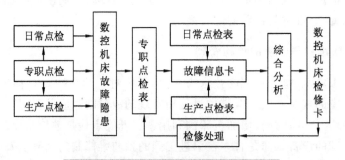

图 8-1 数控机床点检维修过程示意图

专职点检负责对机床的关键部位和重要部位按周期进行重点点检和设备状态监测与故障诊断,制订点检计划,做好诊断记录,分析维修结果,提出改善设备维护管理的建议。

日常点检负责对机床的一般部位进行点检,处理和检查机床在运行过程中出现的故障。

生产点检负责对生产运行中的数控机床进行点检,并负责润滑、紧固等工作。

点检作为一项工作制度,必须认真执行并持之以恒,这样才能保证数控机床的正常运行。

### 三、数控机床维护与保养的内容

预防性维护的关键是加强日常保养,主要的保养工作有下列几项:

1. 日检

日检的主要项目包括液压系统、主轴润滑系统、导轨润滑系统、冷却系统、气压系统。日检就是根据各系统的正常情况来加以检测。例如,当进行主轴润滑系统的过程检测时,电源灯应亮,油压泵应正常运转,若电源灯不亮,则应保持主轴处于停止状态,且与机械工程师联系,进行维修。

2. 周检

周检的主要项目包括机床零件、主轴润滑系统,应该每周对其进行正确的检查,特别是对机床零件要清除铁屑,进行外部杂物清扫。

3. 月检

月检主要是对电源和空气干燥器进行检查。电源电压在正常情况下额定电压为 180 V~220 V,频率为 50 Hz,如有异常,要对其进行测量、调整。空气干燥器应该每月拆一次,然后进行清洗、装配。

4. 季检

季检应该主要从机床床身、液压系统、主轴润滑系统三方面进行检查。例如,对机床床身进行检查时,主要看机床精度、机床水平是否符合手册中的要求,如有问题,应马上和机械工程师联系。对液压系统和主轴润滑系统进行检查时,如有问题,应分别更换新油 60 L 和 20 L,并对其进行清洗。

5. 半年检

半年后,应该对机床的液压系统、主轴润滑系统以及 $X$ 轴进行检查,如出现毛病,应该更换新油,然后进行清洗工作。

# 参 考 文 献

[1] 王海勇.数控机床结构与维修.北京:化学工业出版社,2009.

[2] 余仲裕.数控机床维修.北京:机械工业出版社,2001.

[3] 王新宇.数控机床故障诊断技能实训.北京:北京邮电大学出版社,2008.

[4] 刘永久.数控机床故障诊断与维修技术.北京:机械工业出版社,2006.

[5] 任建平.现代数控机床故障诊断及维修.北京:国防工业出版社,2001.

[6] 韩鸿鸾,吴海燕.数控机床机械维修.北京:中国电力出版社,2008.

[7] 胡旭兰.数控机床机械系统及其故障诊断与维修.北京:中国劳动与社会保障出版社,2008.

[8] 冯荣军.数控机床故障诊断与维修.北京:中国劳动与社会保障出版社,2007.

[9] 杨旭丽.数控系统故障诊断与排除.北京:中国劳动与社会保障出版社,2009.

[10] 潘海丽.数控机床故障分析与维修.西安:西安电子科技大学出版社,2008.

[11] 李河水.数控机床故障诊断与维护.北京:北京邮电大学出版社,2008.

[12] 王爱玲.数控机床结构及应用.北京:机械工业出版社,2002.